复原的力量

MICRO-RESILIENCE

5大高效能法则，助你逆势创造奇迹

[美] 邦妮·圣约翰（Bonnie St. John）
[美] 艾伦·海恩斯（Allen P. Haines） ◎著

葛秋菊 ◎译

新世界出版社
NEW WORLD PRESS

Micro-Resilience: Minor Shifts for Major Boosts in Focus, Drive, and Energy by Bonnie St. John and Allen P. Haines
Copyright © 2017 by Bonnie St. John
Simplified Chinese Copyright © 2020 by Grand China Publishing House
This edition published by arrangement with Center Street, New York, USA.
All rights reserved.

No part of this book may be reproduced in any form without the written permission of the original copyrights holder.

本书中文简体字版通过 Grand China Publishing House（中资出版社）授权新世界出版社在中国大陆地区出版并独家发行。未经出版者书面许可,本书的任何部分不得以任何方式抄袭、节录或翻印。

北京版权保护中心引进版权合同登记：图字 01-2020-3104 号

图书在版编目（CIP）数据

复原的力量：5大高效能法则，助你逆势创造奇迹 /（美）邦妮·圣约翰，（美）艾伦·海恩斯著；葛秋菊译 . -- 北京：新世界出版社，2020.9
　书名原文：Micro-Resilience
　ISBN 978-7-5104-7093-6

Ⅰ. ①复… Ⅱ. ①邦… ②艾… ③葛… Ⅲ. ①成功心理－通俗读物 Ⅳ. ① B848.4-49

中国版本图书馆 CIP 数据核字 (2020) 第 124664 号

复原的力量：5大高效能法则，助你逆势创造奇迹

作　　者：[美]邦妮·圣约翰（Bonnie St. John）　[美]艾伦·海恩斯（Allen P. Haines）
译　　者：葛秋菊
策　　划：中资海派
执行策划：黄　河　桂　林
责任编辑：丁　鼎
特约编辑：羊桓汶辛　张　帝
责任校对：宣　慧
责任印制：王宝根　胡小瑜
出版发行：新世界出版社
社　　址：北京西城区百万庄大街 24 号（100037）
发 行 部：(010) 6899 5968　(010) 6899 8705（传真）
总 编 室：(010) 6899 5424　(010) 6832 6679（传真）
http：//www.nwp.cn　　http：//www.nwp.com.cn
版 权 部：+8610 6899 6306
版权部电子信箱：nwpcd@sina.com
印　　刷：深圳市精彩印联合印务有限公司
经　　销：新华书店
开　　本：787mm×1092mm　1/32
字　　数：180 千字　　印　张：7
版　　次：2020 年 9 月第 1 版　2020 年 9 月第 1 次印刷
书　　号：ISBN 978-7-5104-7093-6
定　　价：49.80 元

版权所有，侵权必究
凡购本社图书，如有缺页、倒页、脱页等印装错误，可随时退换。
客服电话：(010) 6899 8638

将此书献给

保罗·K. 海恩斯（Paul K. Haines, 1924—2015），以及他的夫人，67岁的马德琳·A. 海恩斯（Madlyn A. Haines）。

他们的生活证明，

我们不敢奢望的复原力

是可以实现的。

MICRO-RESILIENCE　**权威推荐**

乔治·沃克·布什（George Walker Bush）
美国第 43 任总统

　　邦妮告诉我们，个人勇气在生活中至关重要。

丹尼尔·平克（Daniel H. Pink）
《驱动力》(*Drive*) 和《全新销售》(*To Sell Is Human*) 作者

　　这是一部很有影响力的书，它将令你重新思考，并评估自己的工作模式。采用邦妮和艾伦讲述的激活方法，你可以从挫折中恢复元气，并将生活过得更有韧劲与意义。

沃尔特·艾萨克森（Walter Isaacson）
《时代》(*Time*) 周刊前总编、《史蒂夫·乔布斯传》(*Steve Jobs*) 作者、世界传媒巨头 CNN 公司前总裁

　　"微复原"是这部书提出的一个变革性的观念，它不是强迫你改变自身的模样，而是激励你在现有资源的基础上，通过提高利用效能来获取更持久的专注力和更大的能量。

凯文·卡罗尔（Kevin Carroll）
《红色橡皮球的规则》（*Rules of the Red Rubber Ball*）作者、演说家

阅读这部书中鼓舞人心的故事和见解，并且跟着书中的指南做事，你将有勇气面对逆境，并有信心去管理、适应和应对生活给你带来的任何干扰。

加里·海尔（Gary Heil）
创新领导力中心的创始人

我们可以从失败中学到最宝贵的东西，但若想真正获得成功，则需要深入研究，并根据自身的失败经验来采取相应的行动。在书中，邦妮和艾伦不仅激励我们，让我们变得更好，还为我们照亮了前进的道路。

伯纳德·泰森（Berald Tyson）
凯撒医疗集团掌门人

邦妮专注于如何提高每一个小时的复原力，这在当今世界显得至关重要。她的激活方法是科学的、有目的的、快速见效的，且广泛应用于强调团体协作的医疗保健业和其他服务行业。通过"微复原"，人们可以提高自身的工作效率，并为他人提供最好的服务。"微复原"为我们在21世纪面临的挑战和机遇提供了一个绝佳的方法。

汇丰银行

邦妮和艾伦的文字极具深度和幽默感，更重要的是，有关复原力的观念十分中肯。

塔吉特公司

我们为邦妮所面临的挑战折服。在人生之路上,如果你没有摔倒,那说明你还不够努力。优秀的人会在摔倒后立刻站起来,但奥运金牌选手会站得更快。

迪士尼

邦妮和艾伦是我们见过的最棒的领导力培训师。

百事公司

邦妮和艾伦有关微复原的观念受到大家的热烈欢迎。许多高管来找我,说这是一种全新的方式。

默克集团

这本书有趣、引人入胜又令人振奋。

英国保诚集团

简直不可思议,邦妮和艾伦的观念非常鼓舞人心!

好事达

邦妮正是我们需要的那种人,我愿意把她推荐给所有人。

MICRO-
RESILIENCE 前言

图 I 童年的邦妮，现在的邦妮

让每天元气满满的"微复原"法则

对我来说，这本探讨复原力的书与我的自身经历密不可分。5 岁那年，我做了截肢手术并接上了一条假肢，记得在刚出院时，我的注意力几乎都被一双漂亮的新鞋子吸引住了。那是一双带红色针脚线的蓝色绒面鞋，我非常渴望拥有它。在此之前，我只有一双奇丑无比、带钢制支架的白色矫形鞋。我生活在圣迭戈（San Diego），从小连雪都没见过，加上又戴着假肢，因此从没有想过自己会成为第一个在冬奥会中赢得奖牌的非裔美国人。

要成为一名奥运会运动员,我必须拥有高标准的身体复原力(physical resilience),仅仅满足于能重新走路还远远不够。在那个女性和残疾人士还不怎么进健身房的年代,我没有理会大家对一个独腿、低收入黑人女孩的异样眼光,毅然决然地开始了滑雪运动的训练。

我知道伯克山学校(Burke Mountain Academy)是佛蒙特州(Vermont)一所培养滑雪人才的高中,为此,我费尽口舌,最终说服伯克山学校接受了我。很快,我成为这所学校的学生,并且获得了全额奖学金。在校期间,我与最优秀的滑雪运动员并肩训练,挥洒汗水,自出生以来,我第一次觉得自己的身体如此强壮。

然而,当回首走过的这段旅程时,我发现对于一名心怀冠军梦的滑雪运动员来说,心灵复原力(mental resilience)比所有体能锻炼都显得更重要。

在很多紧要关头,我不得不做一些从未做过的事,去一些我从未去过的地方。我还遭受过许多挫折,比如在伯克山学校就读的第一个学期,我不仅将自己完好的那条腿摔骨折了,还在6个星期之后又摔断了假肢。受挫之后,我会重新抖擞精神,想一些积极的事情,拒绝一蹶不振。

除了身体和心灵面临的挑战之外,大量的精神复原力(spiritual resilience)也不可或缺。小女孩从医院回家了,还戴着一条匹诺曹式的木腿——每当回想起这个情景的时候,我还会看到别人看不到的故事:我看到小女孩回家了,在那个家里,她的继父对她实施了长达数年的性侵害;看到他们过着入不敷出的生活,衣服基本上都是在二手商店或者旧货出售会上买的;看到她的母亲不止一次地尝试自杀。童年遭受过的情感创伤伸出长长的触手,至今仍然深深地影响着我与政界人士,以及其他家庭成员之间的交往,当然,还包括我和我丈夫之间的关系。

几十年来,我用了数不清的方法和技巧,来铺设自己的康复之路。直到最近,我心中那个破碎的"家"才渐渐得到修复,我才享受到其他人习以为常的最基本的舒适感。

在之前的几本书中,我详细讲述了一些关于身体缺陷、远大梦想和乐观精神的真人故事。比如,《坚强的女性会祈祷》(*How Strong Women Pray*)讲述了 27 位女性在艰难时刻如何运用心灵力量的故事,同时,我自己治疗情感创伤的经历也穿插在这些故事之间。《乐在其中》(*Live Your Joy*)是难得的经验之谈,一共 9 条经验,涉及信心、远大志向、真实性和人际关系。

《伟大的女性会领导》(*How Great Women Lead*)是我和当时才十岁的女儿达西(Darcy)一起写的,邀您与我们母女两人一起踏上旅程,去探索希拉里·克林顿(Hillary Clinton)、谢丽尔·桑德伯格(Sheryl Sandberg)、埃伦·约翰逊·瑟利夫总统(President Ellen Johnson Sirleaf)等杰出领导者的生活和人生经验。

继以上三本书之后，作为我不寻常人生中的高潮，《复原的力量》是我命中注定要传达出去的信息。如果我不具备从艰巨的挑战中复原的能力，那么我的个人生活和职业生涯将是一片狼藉。我想我必须将这智慧的火炬传递给其他人。

本书以我的个人经历为基础，并在此之上进行拓展。我的丈夫艾伦（Allen）与我合作完成本书，他自身也有一段复原的历程。在好莱坞纷繁复杂的职场关系中，他遭受了一连串挫折，一次又一次地感到心灰意冷，最终却摆脱了困境，取得事业上的成功。与我们很多人一样，艾伦也经历过离婚的痛苦，并不得不振作起来，鼓起勇气开始新的生活。

在过去的7年里，我和艾伦与蓝圈机构（Blue Circle Institute）的优秀团队一起，对研究所得进行提炼，继而形成观点，将我们的方案传达给数千人，并对其作用进行评估，以此改进我们的理论和方法。我们根据研究数据，对方案进行了多次微调才最终形成五大法则。我们还花了数百个小时做采访，目的是找到最简单、高效的方式，将我们的方案运用到实际生活中去。

世界100强企业管理者及其团队、非营利机构领导人、医疗专家、企业家、教育家，乃至全职父母在运用我们的方案之后都感觉获益良多。在接下来的各章节中，我们将会分享这些受访者的故事，从多方面对我们的微复原课程进行说明。

微复原带来的细小改变让我们在起伏无常的生活中变得更加

坚强，这是艾伦和我的亲身体验。尽管并不是每个人都应该像我们一样努力去解决问题，但是生活并没有指导手册。正因为如此，你会发现，本书是来自我们灵魂最深处的、最宝贵的礼物：一份简单实用的指南，帮助你把生活过得更具弹性。

我们希望这本书能够充当一把钥匙，开启你与生俱来的内在力量。

邦妮·圣约翰（Bonnie St.John）

温德姆（Windham），纽约

2016年5月

MICRO-RESILIENCE 目 录

第1章 从受挫到重生 高效能从此开启

试想一下，如果我们可以一边工作一边充电，让自己一整天、每一天都接近最佳状态，那该多么轻松！

伊莱恩的故事：时刻"向前一步"，真的累并快乐着？ /2
16秒疗愈力——给身体和大脑快速充电 /6
告别疲惫的5堂微复原课程 /9
即学即用：小细节立大功 /11

第2章 专注力法则 让短期高效成为常态

真正的高效，不是能同时处理多项任务，而是能自如掌握每一分钟的注意力。

"一心多用"会使你的工作效率骤降 /16
设定专注领域，适时剔除嘈杂 /24

巧用思维导图，卸载大脑超负荷 /30
消解决策疲劳：每个时间段都很重要 /33
运动改善思维：锻炼一小时就能提高工作效率 /38
小结　与精神疲劳说再见 /43

第3章　重置大脑法则　及时为情绪解绑

你是否曾因表现出愤怒、愚蠢的一面而后悔？运用下述方法瞒过负面的大脑，你可以立刻恢复平静。

凯瑟琳的故事：那个发火的疯子不是我 /46
给"坏想法"命名，进而摆脱它 /54
有意识放松法：腹式呼吸缓解心情 /56
感官法：让大脑高效运转的气味和声音 /60
一个姿势就能让人信心倍增？ /66
小结　更清醒地表达情绪 /68

第4章　心态管理法则　积极心态可以随叫随到

"或许悲观主义者对的时候更多，但乐观主义者更容易成功。"从培养积极态度做起，你须要为此下苦功。

普里亚的故事：乐观的人更容易成功 /72
快乐急救箱：我一见"它"就笑 /78
ABCDE 理论：坚定→质疑→强化 /81
翻转法：在相反的情境中寻找答案 /88

从 PPP 到 CCC：悲伤时，问自己 3 个问题　/93
每天做一次思维练习　/96
小结　积极的心态可以累积　/100

第5章　平衡调理法则　别忘了给身体一点呵护

当身体缺乏及时的调理时，再聪明的脑袋也会突然短路。

斯坦的故事：让每个人保持活跃　/104
头昏脑涨时，不妨来一杯水　/106
科学平衡血糖：今天我的脑细胞都死了　/111
小结　像对待法拉利一样对待自己　/118

第6章　意志力法则　发现并放大想做的事

与其他法则不同，意志力法则需要从宏观和微观的双重视角来把握。只有了解自己的意志，你才能更好地走出每一步。

砖匠的故事：我砌的不是砖，是梦想　/122
埃米莉的故事：没有意志，何来远见卓识？　/123
（宏观1）价值侦探：挖掘深埋于心的价值观　/129
（宏观2）人生目标法：只须关注前5件事　/134
（宏观3）口号的力量：用一句话描述自己　/136
（微观1）"试金石"：任何东西都能助你刻意练习　/139
（微观2）重排日程：每天几分钟，让精神更振奋　/146
（微观3）心流法：绘制精力水平示意图　/148
小结　每个人的身体里都住着一个超人　/152

把微复原过成习惯

大部分微复原技巧都很简单,你要做的就是把它们融入日常生活中,使之成为习惯。

乔希的故事:以不一样的节奏享受生活　/156
贝丝的故事:承认自己需要接受帮助　/165
小结　找回最真实的样子　/172

后　记　世界上最难的事,就是变得"更像自己"　/175

致　谢　/179

附录1　微复原清单:你最想解决哪些问题?　/185

附录2　激活高效能的实用指南　/187

ONE

MICRO-RESILIENCE 复原的力量

第 1 章
从受挫到重生 高效能从此开启

> 幸运并非偶然,而是勤劳。
> 昂贵付出,方得命运一笑。
>
> ——艾米莉·狄金森(Emily Dickinson)

伊莱恩的故事：
时刻"向前一步"，真的累并快乐着?

试想一下，如果我们可以一边工作一边充电，让自己一整天、每一天都接近最佳状态，那该多么轻松!

你如果在某次派对上遇到伊莱恩（Elaine），很可能会认为她就是一位"人生赢家"。从她的言谈中，你会了解到她的伴侣，也就是她的丈夫凯文（Kevin）永远是她坚强的后盾；只要一说起她的孩子——4岁的简（Jane）和2岁的亨利（Henry），她就有讲不完的故事。她也会自豪地告诉你，她在一家提供全面服务的律师事务所工作，现在只要在最后一轮的角逐中取胜，她就能成为该律师事务所的合伙人。

面对伊莱恩的成功,有些男性可能倾向于认为她事实上并不具有与之相当的实力,而她之所以能在事务所位居要职,只是因为其他合伙人想让团队减少一些明显的性别歧视。同样,也有一些女性认为,伊莱恩并没有透露出她不如意的一面。但不管怎么说,就伊莱恩的所有表现来看,她的确是一位女强人。

毋庸置疑,她能让人想起一个老套的说法——你需要做的,就是"向前一步"。

然而,进一步了解伊莱恩的故事,你会发现这样一个事实:她是一个工作狂。对她来说,业务繁忙的时候,从早上8点工作到第二天凌晨2点都是很正常的事情。她可以连续两三个月每周工作六七天。

> 做律师这行的人,精神时刻处于紧绷状态:把事做完,把事做完,把事做完!在这种情况下,我还必须挤出时间做称职的妻子和母亲。
>
> 我已经习惯了全力以赴,直到崩溃才肯罢休,但休息片刻之后,我又会卷土重来。我用110%的努力,想把每件事做到"A+"。此外,我是一个喜欢孤注一掷的人。如果我说"算我一个",那我就不仅仅是个旁观者,而是会毫不吝惜地把所有筹码都放到"赌桌"上。

像伊莱恩这种 A 型人格①的人往往奉行一条错误的原则：干得多意味着干得好。他们认为成功的唯一途径就是勇往直前，即使是撞了南墙也不回头，只有失败者才会停下来。这家国际大型律师事务所（与许多其他高风险行业一样）历来强调这种职业精神，而常见的管理方式是通过迫使员工进入适者生存的竞争状态，以此来淘汰偷懒的人。一个人若是不能毫无保留地奉献，那他必然缺乏毅力，不能为企业创造更大的价值。因此，像伊莱恩这样的员工就会认为，成功的唯一方式，就是比其他同事工作更长时间，并且要确保所有人都知道这一点。

伊莱恩不只是在疲于奔命，她还要参与一场"热核战争"。当她来向我们寻求帮助的时候，导火索已经被点燃了。

> 不同于大律师事务所的其他律师，我无时无刻不在关注一个政府机构，这是个大客户，它能带来超过 45 000 个的计费工时。现在合同快到续签期了，我们不得不和其他律师事务所竞争，因为对方也正虎视眈眈地盯着这单生意。我们的团队，其中包括 40 个合伙人，加上律师、文员、律师助理和其他职员加起来有 300 多人，必须在 45 天之内拟定一份毫无瑕疵、价值超过 1 亿美元的 500 页投标书。

---

① 美国学者 M.H. 弗里德曼等人在研究心脏病时，把人的性格分为两类：A 型和 B 型。A 型人格者较具进取心、侵略性、自信心、成就感，并且容易紧张。——译者注（下文如无特别说明，均为译者注）

毫无疑问，这次投标事关重大！总的来说，如果此次中标，我将会成为律师事务所的合伙人。如果我们输了……我不得不再找一个新客户。不是我夸大其词，我的事业成功与否，很大程度上会由接下来的 45 天决定。

伊莱恩是一名完美主义者，也有很强的竞争意识，因此除了她一贯奉行的"干到累垮为止"的原则之外，她几乎不可能看到其他行动方案。面对相同问题的不止她一个人。不论你是在高强度的企业环境里工作，还是在房地产中介、酒吧、医院工作，抑或是全职父母，在信息驱动、全球互联、快节奏的 21 世纪社会，我们都被迫在现代生活的轨道上加速前进，速度甚至快到大多数人都有一种要脱轨的感觉。

当下企业盛行的"合理规模"要求员工的效率达到以前的两倍。我们的孩子很可能在大学毕业后就回家啃老，而父母也需要我们的照料，因为他们已经步入了他们的黄金时代。我们让自己一心多用，直至力倦神疲，但仍坚持着，奋斗着，抗争着！

最终，我们累垮了。

我们能变得轻松一些吗？如果始终这般生活，答案将是否定的。和伊莱恩一样，我们通常会把自己逼到精疲力竭的程度，然后幻想着在晚上、周末或者通过度假来重振精神。然而，我们好不容易得到的少量休息时间也为科技所左右，譬如电子邮件、短信，以

及脸书（Facebook）、照片墙（Instagram）、色拉布（Snapchat）等软件上显示的动态和随之而来的短促的提示音，让我们继续停留在全天无休的状态里无法脱离。

如此，我们能怎么办呢？既然对我们造成影响的外力不可能消失，那么我们只有一个选择，即从内在寻找方法，以求更好地运用自身资源，适应外部环境。我们还要准备一套应急措施，以便在偏离轨道时，帮助自己发挥适当的复原力，以最快、最有效的方式调整状态。如果生活不会减速，那么我们为了保持领先，就要提升自己的激活速度。

16秒疗愈力——给身体和大脑快速充电

《哈佛商业评论》（Harvard Business Review）刊登过一篇题为《惊喜是新常态；复原力是新技能》（Surprises Are the New Normal; Resilience Is the New Skill）的文章，作者是世界知名社会学家、哈佛商学院教授罗莎贝斯·莫斯·坎特（Rosabeth Moss Kanter），她将复原力定义为当代职工需要掌握的"新技能"。能够复原的能力已经不只是"值得拥有"，而是"必须具备"。

这也是本书的核心：复原力。

但是我们对"复原力"的解释，不同于传统的释义。根据相关网站提供的解释，可知复原力是"……在被弯折、压缩或拉伸之后,恢复到原形态的能力"。以海绵为例,被挤压的海绵过后总能恢复到正常的状态。而我们则认为,"正常"还不够;我们期望能恢复到"比正常更好"的状态。

我们所追求的不同于传统,还体现在另一个重要的方面。当我们告诉别人我们的工作是帮助客户保持复原力时,他们通常会说:"我认识一个复原力很强的人;她在经历了＿＿之后复原了。"你可以在横线上填写"癌症""飓风""离婚",或者其他巨大的磨难(人们通常很难从中恢复过来)。你设想的这些事情一旦发生便能造成毁灭性的伤害,你可以通过有效途径获取大量的资源,来修复因这些事件造成的创伤。

从长远角度来看,我们选择的不是宏复原(即宏观复原),而是专注于研究每一天、每一个小时里的微复原,而且过程通常持续多年。此外,我们通常还关注与朋友、家人和同事之间的寻常互动,这些互动会让我们陷入有意识或无意识的焦虑状态。就大多数人而言,与在人生中遭遇的重大创伤后得到恢复相比,反而是我们日常中经历的点点滴滴更能决定生活的品质。

詹姆斯·洛尔博士(Dr.James Loehr)是享誉盛名的运动心理学家,著有《精力管理》(*The Power of Full Engagement*)一书,他同时也是约翰逊人类行为表现研究所(Johnson & Johnson Human Performance Institute)的创始人,他的研究引起了我们的好奇心。吉姆①决定通过研究长期在世界级网球巡回赛中称霸的运动员，以此来获得他想要的答案。他想知道，在数百名运动员参加的国际巡回比赛中，为什么总是那少数几个人一次又一次赢得奖杯？那些顶级运动员的制胜法宝是什么？是什么样的习惯，让他们即使承受着激烈的竞争压力，仍能够力压群雄？吉姆进行了各类分析，但让他苦恼的是，他无法在他们身上找到一致的答案。

不过，当注意到球员在"分与分之间"②（between the points）的举动时，他有了些头绪。

一个相同的行为模式立刻出现了。在筛看了几个小时的比赛录像后，吉姆开始注意到，那些顶尖运动员在得分之后走回底线的过程中，以及在每盘比赛结束之后的休息时间里，都有相似的习惯表现。于是，优胜者们在"分与分之间"的共同的行为模式便一目了然，即都以恢复精力、保持积极状态为重点。

吉姆让最佳球员们戴上心率监测仪，发现和落败的球员相比，他们能在更短的时间内更高效地让心率恢复到理想范围内。排名越靠后的种子选手，心率恢复的速度越慢。排在最后的球员基本上没有采取恢复技巧，而且每次得分与下一次发球之间的时间间隔通常为 16 ~ 20 秒，在这段时间内，落败的一方仍然保持着激动、紧张，甚至心烦意乱的情绪。

---

①詹姆斯的昵称。
②网球运动员可在分与分之间，以及转场休息时间思考下一步的行动，并稍作休息。

吉姆的研究发现彻底改变了体育训练方式。他发明了一系列恢复精力和放松身心的方法，指导运动员忘掉失误，释放压力，向对手呈现出自信的状态，并建立习惯性的行为来保持稳定性。这个课程被吉姆称为"16秒疗愈"（16-Second Cure），现已成为世界各国网球培训中的重要内容。

吉姆和他研究的网球运动员启发了我们。他发现，当一场时长为3小时的网球赛进入最后一盘时，习惯于在"分与分之间"使用细微乃至微不可察的恢复方法的球员，比没有这么做的球员更有可能发挥最佳水平，而我们将这些细小的调整称为"微复原"。我们开始推想，微复原不仅能帮助职业网球运动员在比赛中恢复精力，类似的复原技巧同样也能帮助我们其他人应对生活中的压力。试想一下，如果我们可以一边工作一边充电，让自己一整天、每一天都接近最佳状态，那该有多好呢！

告别疲惫的 5 堂微复原课程

事实证明，我们的确可以通过重塑大脑、给身体充电，来使自己的生活方式适应 21 世纪的要求。为了弄清楚具体是哪些因素在消耗我们的精力，我们广泛搜集了神经科学、心理学和生理学领域的研究资料，然后形成了 5 个有助于我们快速回归正轨的方法。

在研讨会上，我们称这些方法为"法则"，因为它们提供了一个看待生活的新思路——理解形势，提出能让我们打破常规思维模式的问题。为了在日常生活中加快"分与分之间"的恢复速度，我们总结出以下方法：

1. 专注力法则；
2. 重置大脑法则；
3. 心态管理法则；
4. 平衡调理法则；
5. 意志力法则。

以上方法一起构成了微复原课程。日常生活中的一系列细微改变，将显著提升你的精力状态和工作效率。

微复原与宏复原极为不同，意识到这一点很重要。我们所说的宏复原是指更费时的习惯性行为，比如运动、冥想、有助于提升精力的营养管理，以及长远的健康状况的改善。虽然微复原并不可能代替这些有益于身心健康的要素，但宏复原的周期往往长达数周，乃至数月，且需要连续不间断的努力方可见效，而我们失败的原因，通常在于不能持续实施复原计划。我们幻想自己会在"某一天"抽出时间为健康做长远投资，然而这一天始终没有来。"等我们搬进新家之后……""等升值之后……""等孩子们上大学之后……"，这种话你听过（或说过）多少遍了？

与宏复原不同的是，微复原几乎不需要每时每刻持续地消耗时间与精力。你现在就可以在阅读的同时尝试微复原，看看有何效果。在这个我们常常会因不耐烦而跺脚的世界里，用恰当的方法适应瞬息万变的生活显得尤为重要。

微复原与宏复原仍然是互相促进的关系。无论你的习惯有多么健康，你每天仍然免不了遇到各种各样的挑战。譬如，即使是最勤劳的人，在经历一个糟糕至极的工作日后，身心俱疲地坐在电视机前时，通常都会选择靠一袋薯条或者一夸脱①冰激凌来恢复元气，而不会选择更滋补的食物。微复原技巧可以让类似的工作日变得轻松一些，但由于难以为继，你或许更乐意继续坚持宏复原——选择健康的食物、运动、改善睡眠质量，以及更融洽地与朋友和家人相处。然而，你如果每天坚持微复原，经过日积月累，久而久之就会发现宏观成效。

即学即用：小细节立大功

我们向伊莱恩解释，使用微复原并不是软弱的表现。相反，这些细微调整能提升她的"最佳状态"，帮助她超水平发挥。事实上，在关键的 45 天内加班加点地工作，不仅无法让伊莱恩获得良好的工作成果，而且会让她感到精疲力竭、头昏眼花。随之

①容量单位，主要在英国、美国及爱尔兰使用。1 夸脱约等于 946.4 毫升。

而来的是越来越低的工作效率，接着她会开始犯错，继而走向自我怀疑。为了应对各种突发状况，她又不得不更加卖力。

相比之下，应用策略性的激活方法反倒能最大限度地帮助她，以百分百的状态投入更高的层次中。经过一番挣扎后，一部分"分与分之间"的复原技巧就被落实了。

截至星期一下午3点，尽管已经连续在电脑前坐了7个小时，但我还想再花几个小时来制订项目计划，因为第二天一早，我就得给合伙人提交报告了。不过，在学习了微复原之后，我意识到自己还有其他选择：与其继续埋头苦干，倒不如暂时放下工作，把孩子们放进慢跑推车里，出门走走，等思路清晰之后再回来。以前的我绝对不会考虑这么做。

这感觉……好极了！我收获了和孩子们相处的欢乐时光，锻炼了身体，也呼吸了新鲜空气，犹如醍醐灌顶。回到桌子前，我集中注意力，重新整理了思路。不久，我又休息了一次，而这一次，我一边给孩子们读睡前故事，一边看着他们渐渐入睡。

相比于一直坐在桌子前绞尽脑汁，以这种方法完成的工作，效果要好得多。我原本并不看好短时休息，但事实说明，这的确能奏效。

随着新方法的运用，伊莱恩及其团队的工作氛围发生了明显的变化：不再让人感到压抑和神经紧绷。虽然伊莱恩与以往一样，仍要求自己和团队的其他成员全力以赴，但她积极建议周围的每一个人使用微复原技巧，通过改善自身的健康状况，来强化动脑能力，提高积极性。因此，相较于以往强迫自己突破极限的方法，微复原使伊莱恩及其团队成员的思维更敏锐、头脑更清醒、工作效率更高。

在面对一天中陆续出现的挑战时，即便工作强度非常大，只要你运用微复原进行"分与分之间"的调整，那么原本的工作环境即使如同狄更斯笔下的噩梦，让你急于逃离，也最终会变成你所向往的样子，让你心情愉悦、神清气爽。

我们其中一位研究人员做了如下说明：

> 微复原的价值不在于将各部分作用简单叠加，而在于将众丝拧成一绳共同发挥作用。让微复原成为你每天必需的选择，你的习惯、日常和你人生中的一部分吧，它将给我们带来巨大的影响。将复原过程细分成不同的阶段，并让它们成为你日常生活的一部分，这正是它的与众不同之处。

我所建议的调整既不会占用你大量的时间，也不会在你处理重要的事情时分散你的注意力。它们细微但效果显著，将配合你

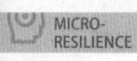

逐渐调整习惯、恢复精力。

使用微复原意味着对当下生活的尊重，我们无须推翻重建你的行为，但我们需要"优化"。微复原理念很简单：让我们在了解、接受挫折或者受挫之后变得更坚强、更热情、更乐观。事实证明，使用微复原技巧来应对充满压力的生活插曲，会给人以轻松感。

当然，微复原技巧的效果也让人赞不绝口。

第 2 章
专注力法则　让短期高效成为常态

MICRO-RESILIENCE

复原的力量

你有头脑，也有脚力。
想往哪里走，选条路就好。

——苏斯博士（Dr.Seuss）

"一心多用"
会使你的工作效率骤降

> 真正的高效,不是能同时处理多项任务,而是能自如掌握每一分钟的注意力。

格雷格(Greg)是一位奇迹创造者。他不知疲倦地摆弄一大堆精密的机械和电子元件,将它们组装成"能让残疾人正常行走"的设备。没错,格雷格在制作义肢,更具体地说,他是在制作假腿。格雷格对精确度的追求近乎狂热,他力求自己制作的每一条义肢对使用者而言都是独一无二的,因而在制作过程中,他需要进行大量针对性的设计和调整。如果格雷格为你做好一条假腿,你无须有任何疑虑,毕竟,为了让你用起来更舒适、自然，他已经尽力做到了最好。当你看到一个戴假肢的人在参加马拉松，或者是在婚礼上起舞、在街上矫健地行走时，请感谢格雷格等奇迹创造者的辛勤工作和默默奉献。

从事义肢制作业让格雷格感到压力巨大，因为这样的工作对精力管理和专注力的要求很高。除了要照料病人、制作将人体和科技联合起来的灵敏设备，格雷格还要与政府和保险公司复杂的官僚体制打交道。想做好以上任何一件事，他都需要具备相应的技能。然而许多时候，他不知道应该将注意力放在哪里。

> 你知道吗？我有一大堆事情要做！大约15分钟后，我要和公司总部开一个电话会议；我还有个急需帮助的病人正等在检查室里；办公室的员工在问我账单代码是多少；与此同时，还有其他病人给我打来紧急求助电话……而我没办法同时处理这么多事情。
>
> 当情绪强烈到一定程度时，它会像笼子一样把我困住，让我无处可逃。但事情终归还是要做的，难道不是吗？可这一切让人觉得很不愉快。有时候，你可能会抑制不住自己的怒气，然后说出一些本来不想说的话，或者说了会后悔的话，这样一来，办公室里的其他人会因此而感到气愤。我管这叫"能量屁"，因为你的负能量在那一刻溢了出来，把办公室里的气氛搞臭了。

为了找到格雷格经常为精神重压所困的原因，我们先来了解一下人类大脑的构造。首先，很重要的一点是，我们要区分大脑中相对古老的部分，以及后期以更高层次的思考为目的而进化形成的部分。脑干、小脑和基底核与鬣鳞蜥①的大脑极为相似，因此也被称为蜥蜴脑（lizard brain），该区域包含神经系统中最古老的基因结构，所以也是最早进化的部分。蜥蜴脑控制身体的无意识功能，如呼吸、心跳及其他生命维持系统。至于让我们学习、规划或做决定的机制则并不由蜥蜴脑控制，而是由大脑中更高级的部分——大脑皮层（cortex）控制。

发育分子生物学家约翰·梅迪纳博士（Dr. John Medina）是《大脑规则》（Brain Rules）的作者，他将大脑皮层比作覆盖大脑其余部分的拱形教堂。大脑皮层本质上是大脑的表面，通过深度植入的电脉冲不断与大脑内部进行交流。代表大脑皮层的英文单词"cortex"在拉丁文中是"树皮"的意思，就像树皮是树的"皮肤"一样，大脑皮层也是大脑的"皮肤"。随着覆盖部位的变化，大脑皮层既可以像吸墨纸一样薄，也可以像耐磨纸板一样厚。

此外，大脑皮层尽管看起来像是被塞进了一个相对狭小的空间，但其起皱的形态巧妙地增加了头盖骨可容纳的表面积。如果将一个人的大脑皮层展开，它的面积大概和一张婴儿毯一样大。

---

① 鬣蜥科中体型较大的一类爬行动物，归鬣鳞蜥属，蜥蜴亚目，属树栖性动物，分布在从墨西哥南方到巴西的广大地区。

大脑的执行功能

本章重点探讨的人体活动主要根源于大脑皮层的其中一部分：前额皮层（prefontal cortex）。前额皮层是大脑结构中最发达的部分，它包括大脑中最新、最全的进化结果，并对人类特有的（我们认为）认知功能负责，比如确定复杂目标、规划未来、克制本能冲动、做出明智决定和组织活动的能力。这些高级的能力通常被统称为大脑的"执行功能"（executive functions）。

大多数神经科学家都指出，人类的前额皮层占大脑皮层的三分之一，这个比例远远超出其他物种（图2-1）。从图2-1中我们也可以看出，将不同物种的前额皮层与其大脑其余部分相比，人类的前额皮层占比最大。虽然对大脑机制的研究仍在不断开展，但如今，人们普遍认为人类前额皮层的容量明显大于其他动物，因而人类大脑的执行功能也比其他动物更完善。

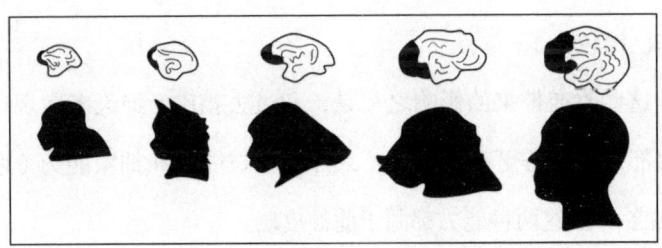

图2-1　人类大脑的前额皮层比其他物种的更大

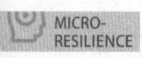

进化！进化！

如果在地球上的所有物种中，人类的前额皮层最为发达，那我们为何还会在很多时候觉得精神负担过重呢？

现在，请回想过去一百多年里出现的经济动荡。美国劳工统计局（Bureau of Labor Statistics）的数据表明，在20世纪早期，美国仍有超过60%的职工在从事体力劳动。他们不是在农场、工厂里干活，就是在当矿工和建筑工人。而今天，这个比例已不足15%。

相反，管理咨询顾问和作家彼得·德鲁克（Peter Drucker）所谓的"知识工作者"（工程师、医生、律师、设计师、分析家、办公室职员等）数量激增，俨然成为一个庞大的群体。另一支持续壮大的劳动大军是服务行业人员，包括从事餐饮行业、客服行业、医疗保健及其他类似行业的人员。除此之外，这个时代为梦想而战的人比以往任何时候都要多，许多人都渴望成为音乐家、政治家、小老板或企业家。相对而言，从事食品和生活用品生产的人现在已经较少了。

这些改变带来的影响之一是，和过去相比，绝大多数现代劳动力都需要具备更高的情商（人际交往技能）和抽象能力（概念性技能），而这两种能力都源于前额皮层。

另一个趋势是计算机和大数据的兴盛。美国人口普查局（US Census Bureau）2013年公布的数据显示，美国84%的家庭都拥有电脑。虽然因特网让我们能够获取丰富的信息资源，但不论是为了工作还是娱乐，筛选浩繁的数据都增加了我们的压力。即使是在工厂上班，你也很可能需要通过电脑来完成机器操作、绘图、质量管理和生产过程中的其他高科技环节。以前主要靠人工重复操作的工作，现在可能要由更高阶的技能来完成，而这或许还对抽象能力有更高的要求。

请注意，我们并不是想通过对比我们曾曾祖父、祖母的工作，来强调现在的工作更辛苦。事实上，我们想阐明这样一点：在过去的几个世纪里，人们从事的工作对人类大脑执行功能的要求似乎更高、更普遍了。当然，在整个进化历程中，一个世纪只不过是一瞬间。由于现有生物结构所发生的微小变化需经过十万乃至百万年才能显现出来，因此，在前额皮层的容量扩大到能满足我们的需求之前，我们还得等很长时间。

注意力越分散，人越疲惫

本章开头讲述的格雷格的故事，也是很多企业领导面临的典型挑战。我们在不同的行业里认识了各种疲惫不堪的人，他们无法长时间集中注意力，且缺乏策略，最终不得不消极应对问题。他们坚信，一心多用是及时处理多个问题唯一可行的办法。然而问题在于，无论何时，大脑提供给我们的注意力都是有限的。

科学家们已经通过研究证实了这一点，其中包括《注意与努力》(Attention and Effort) 的作者丹尼尔·卡尼曼（Daniel

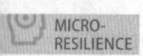

Kahneman）。部分科学家对注意力频繁转移给大脑造成的额外负担进行了估量；而另一些科学家则发现同时处理多项任务会分散有限的精力，阻碍大脑运作，导致当事人身体劳损。尽管有时同时处理多件互不干扰的事情很容易也很少出现问题，比如一边走路一边说话，或者一边叠衣服一边看电视，但我们仍不应忽视上述研究结果，而须对此加以重视。

事实证明，如果一个人在日常工作中一心多用，那么他的工作效率会骤降。一些评估结果显示，与专注于做某件事的人相比，注意力分散的人需要多花40%的时间来完成那些被中断的事。毕竟，切换任务也会消耗精力，你不但要应对突然出现的各种小插曲，还要回忆自己是在哪儿被打断的，使用额外的神经资源重回轨道。注意力被分散的次数越多，你就会越疲惫。

同时执行多项复杂任务（比如判断和分析）会使我们的效率降低得更明显。当思路被打断时，我们对细节的记忆能力便会减弱，同时，我们的创造力将大减，出现严重错误的风险也会变大，最终，我们总体的工作质量也将降低。很多人认为他们可以很熟练地一边开车一边使用免提通话，但是2006年的一项研究发现，这项操作的危害性可以和醉驾相提并论：反应时间延长、动作不规范、交通事故发生频率上升。

约翰·阿登（John Arden）是神经心理学领域的专家，他就职于医疗保健公司凯撒医疗集团（Kaiser Permanente），负责监管22

个医疗中心百余名实习医师的培训工作。他告诉我们,曾有一位病人因记忆力不断衰退而找到他。这位病人担心自己感染了注意力缺失症(attention deficit disorder)。

阿登医生向这位病人解释了注意力缺失症不具有传染性,并提供了一个应对方案,目的是让她的生活尽可能地处于有序状态。

> 她什么事也记不住。我告诉她,这一点儿也不奇怪,因为她将注意力集中在某件事情上的时间总是太短,不足以让这件事被存进记忆里。我们开始系统地安排她的日程,这样一来,她就可以根据计划,在某段时间里只专注于特定的事。不久,她学会了将注意力集中在一件事情上,直到把这件事完成。现在,她的工作记忆(working memory)也逐渐好转,已经可以将信息更有效地存储到长时记忆(long-term memory)中。

如果无须优先考虑质量和准确度,那么同时执行两项或多项任务也无可厚非。然而,"一心多用能提高效率"这个广泛传播的观念,却是与科学相悖的言论。从高层管理者到一线员工,不同行业的每一个层级都因这条被误解的社会规则而变得过度疲劳。

阿登医生的那位病人曾陷入的困境,看起来是一个极端案例,但出人意料的是,很多微复原课程参与者的处境都与其相似。因此,

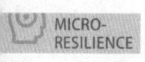

我们整理了一些实用的、经过研究测试支持的方法，旨在帮助我们更明智、有效地发挥大脑重要的执行功能。

设定专注领域，适时剔除嘈杂

当源源不断的信息急于占用我们有限的注意力时，想办法将自己隔离在一个领域之中或许是个不错的选择。该领域类似于"一座静立在河流中的岛屿"，它可以是有形的，比如家里或工作场所里某个特定的区域，当你不想被打扰时，就可以待在这个区域里；它也可以是一个时间段——一天中按规律出现的间歇或临时休息时间，是由你指定的"安静"领域或"专注"领域。不管这个领域是有形的空间，还是无形的时间，我们的重点都在于：你要创造这样的领域，并利用它阻挡那些干扰注意力的因素。

你可能会说，要从疯狂的工作状态中挤出休息时间绝无可能，譬如，一些客户反映"我的老板总是要求我立刻给他答复"，或者"每件事都需要我马上处理，因为我的同事还指望着我"。

值得注意的是，几乎所有问题都可以协商。你可以通过协商，达成一个双方都认可的信息交流规则，比如通过电子邮件、短信和电话，这样，你就能在尽全力工作的同时，对公司总体的、重要的信息做出积极回应。如果老板意识到员工的注意力不断被分散，公司的收益递减，他（她）或许也会采用更灵活的管理方法。

设置适当的界限,将干扰拦截在我们的专注领域之外,也对个体的成功至关重要。我们可以采取创造性的方法来设立这种界限。

譬如,在一家医院里,护士们会在配药时系上亮色腰带,表示拒绝被打扰,以此避免可能出现的致命错误。再如,我们曾参观过一家公司,它配有喧闹的敞开式办公室,员工在其间开辟一间会议室作为无声工作区,就像在躁动的火车里摆放了一辆安静的汽车。

此外,我们还应尽量满足自己对注意力的需求。有些人一天之内要设立好几个专注领域,有些人一周只建立一两个专注领域,但不管是建立 1 个还是 10 个,身处这些宁静的时刻都会让你的工作效率得到显著提升。

当你为专注领域设置灵活的界限,并坚守这个界限时,你不只是执行了自己的计划,也是在说服周围的人尊重并支持你的决定。这是我们的亲身体验。作为合著者,我们通常会待在一起写作。如果其中一个人突然转过身打扰另一个人,被打扰者的思路可能立刻就中断了,且一时半刻无法衔接上。所以我们约定,在打断对方之前先要得到对方的允许。

然而,我们都知道,如果自己问"我可以打扰你吗",对方的回答很可能是斩钉截铁的"不可以"。唐突的语气不是冒犯,而是效率——将干扰效果最小化。我们一旦放下手头上的工作,就等于委婉地解除了界限警报,允许对方与我们进行交流。当然,如果对方已经开始继续工作,那我们就别打扰他了。

我们经过了一番摸索才让这个方法趋于完善。我（艾伦）是一个一旦被打扰，就很容易分心，并立刻感到沮丧的人。我们仍然记得7年前的一个插曲。邦妮在楠塔基特岛经历了一次不幸的机动自行车事故，她的一个脚踝受了伤，因此坐上了轮椅。那个时候，我们经常会在咖啡店（远离办公室）里写作，为了将互相干扰的可能性降到最低，我们分坐在咖啡店的两头。

有一次，邦妮想问我一个问题，于是她摇着轮椅从咖啡店的一头来到另一头。她在我的背后手舞足蹈，想引起我的注意。然而，我一察觉邦妮出现在自己的侧后方，便心烦气躁起来，最后无礼地命令邦妮在我整理好思路之前"走远点"。我的举动使不少顾客皱起了眉头。

幸运的是，我们现在能就彼此的界限问题进行更融洽的沟通了。建立专注领域不仅大幅提高了我们的效率，避免我们在公共场所陷入尴尬的局面，还对提升婚姻幸福感有所助益。

还有一个例子来自另一位微复原课程的参与者。一年多来，江（Jiang）不断从同事那里得到这样的反馈：她不是个当领导的材料；相反，她更适合当一只"工蜂"。她总是帮同事做许多杂活儿。乐于助人或许是件好事，却最终影响了她晋升的机会。严重的一心多用削弱了她大脑的执行功能，导致她无法证明自己可以胜任公司的管理工作。之后，通过建立专注领域，她很快感到松了一口气。

> 一心多用是我的本能选择。专注领域给我提供了空间，让我分清事情的轻重缓急，从慌乱的状态中解脱出来。我失控了，以致手忙脚乱，享受不到工作的乐趣。我要向为我工作的人道歉，因为他们总是会反过来提醒我哪些事情需要做，哪些不需要做。运用专注领域让我恢复了理智……和自信。人们现在看到的是一个更从容的我。

增强大脑的执行功能将赋予你"领导气质"，以及更好的晋升机会，这并非偶然。

对于格雷格来说，无休止的干扰意味着一心多用的艰难程度呈倍数增加。为了建立有效的专注领域，他首先要做的是让同事参与制定一项信息交流策略，目的是尊重每一个人的界限。

> 我们彼此之间的距离很近，几乎是紧挨着的，所以当我需要其他人提供哪怕是少量信息的时候，我会忍不住直接转头询问身边的同事，而没有顾及他们是否正在忙碌。但反过来，我自己并不希望被别人打断。这就不公平了。我必须学会为同事提供专注领域，如果我这么做了，我想他们也会尊重我的专注领域。这关乎工作效率，也关乎生活质量。

在合作和频繁的干扰之间难以把握分寸，这种情况并不罕见。

 复原的力量

譬如,在一些高科技公司里,我们经常听到要取消私人办公室的说法。然而有时候,为了确保不被打扰,某些人甚至会暂时把办公桌搬到一个没有人情味的小隔间里。虽然一个开放而灵活的办公环境有很多优点,但由此产生的侵犯隐私的行为也会给人们造成精神损耗。事实上,我们不必将他人无休止的干扰当作既成事实。很多咨询过我们的人都惊讶地发现,原来人与人之间是可以通过协商划定界限的,而且可商量的余地很大。

我们鼓励格雷格组织一次以专注领域和交流界限为主题的团体员工会议。这么做不仅对他自己有利,也对其他人有利。格雷格告诉他的团队:

我看得出来,当我打扰你们的时候,你们很恼火。我被打扰时也一样,因为每个人都很难保证自己的思路不被打断。我们来做一次尝试吧,每当想大声向对方提问的时候,我们先将自己的问题整理一番。

此外,在暂时不用接待病人时,我需要一个私人空间。通常情况下,我在送走一位病人与接待下一位病人之间有几分钟休息时间,我会把这个时间用于自我调整。但是,这并不意味着此时风雨不透,如果事情紧急,你们可以告诉我。

格雷格表示,新的"领域文化"会将公司里每一个人的界限

都考虑在内,而不是专门服务于身为老板的他。他告诉我们:

> 想得到尊重,必须先尊重他人;想要提要求,必须先付出。我们通过手势确认对方是否准备好接受提问,这显然很有帮助。

效果立竿见影,格雷格和他的团队很快就体会到了专注领域的好处。彼此之间交流的效率更高了,办公室里的紧张气氛也缓解了。尊重彼此的界限是为了让员工更迅速、更投入地工作,且在高质量工作的同时减轻疲劳感。员工不被打扰,也就能为病人提供更好的服务。

即学即用

1. 在日历上备注自己的专注领域:标出你"在领域里工作"的具体时间。利用这些时间执行对准确度、质量和创造力要求更高的任务。

2. 建立一个实质空间。当你需要集中注意力"待在领域内"时,可以进入这个空间,还可以根据个人情况,决定是否需要一扇可以关上的门。

3. 将你的界限告知同事、朋友和家人,让他们知悉可以在哪些情况下用哪种方式打扰你;向他们说明你运用专注领域来提高工作效率的原因；同时，也要理解他们的需求，切勿过度使用专注领域。

4.用软件或插件屏蔽邮件和短信，或者关闭来电提示音。当然，你也可以用这类工具设置紧急提醒。

5.在进入专注领域前，让头脑保持冷静、清醒。请回顾第24页，了解具体方法。

巧用思维导图，卸载大脑超负荷

忙碌的前额皮层为我们提供了工作记忆系统。在与《大脑在工作》(*Your Brain at Work*)的作者大卫·洛克（David Rock）共进午餐前，我们就已熟知从该系统"下载"信息的好处。我们已经了解到记笔记的作用，也明白如何使用科技手段来补充精力。

通过团队工作，我们得知白板、活动挂图板、幻灯片和其他视觉辅助工具可以减少参与者在头脑中同时记住许多抽象概念的需求，并为分析和创造性合作留出更大的空间。此外，大卫还简单展示了这一研究在日常生活中的应用，使我们的认知上升到了一个新的层面。

那是在春天，一个阳光和煦的中午，我们和大卫约好在曼哈顿市中心一家别致的咖啡店里吃午饭。刚点完餐，大卫就津津有味地跟我们说起大脑、领导力和复原力这些事情来。与此同时，他做了件让我们毕生难忘的事情：拿出一个旧活页本放到桌子上，然后开始画气泡框和思维导图，将我们对话中提到的东西一一呈现出来（图2-2）。

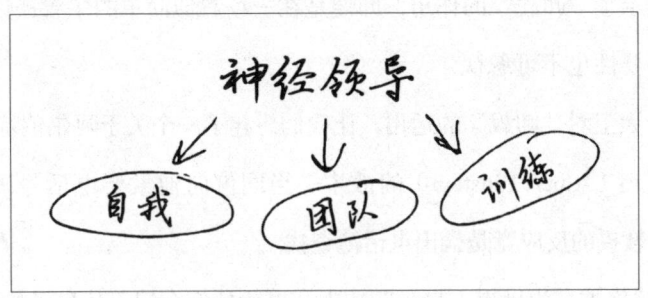

图2-2　即兴图解

他可不是在做笔记，而且这些涂画完全不能作为未来的参考资料。事实上，我们刚讨论完，他就把记的东西扔掉了。他的目的很简单——避免脑子里的想法太杂乱。

对于大卫来说，这次关于抽象概念的讨论并不费力。当然，我们也抱着同样的想法。如果没有即兴图解，我们可能会重复探讨某个话题。而现在，这个方法帮助我们有效地记忆，使我们免受激烈讨论和认知联结（cognitive connection）之累。即兴图解让我们更有可能进行一场丰富的、有成效的讨论。此外，它还能减轻我们大脑的疲劳程度。要知道，在这一天接下来的时间里，我们还要完成很多脑力任务。

我们总是认为，自己可以一边忙手头上的事情，一边快速发挥大脑的想象力、创造力、策划力和组织力。但事实上，这个过程对精力的损耗远超我们想象。持续减轻脑力消耗（即使减轻的量很小），我们总体的思维质量将得到明显提升。大卫已经向我们展示了"卸载"的作用，即便是在一场看似简单的午餐谈话中，其重要性也不可忽视。

大卫对"卸载"的运用，让我们想起了一个关于阿尔伯特·爱因斯坦（Albert Einstein）的故事。当同僚向他索要电话号码时，这位教授的反应竟是掏出电话簿查找。

"你被誉为世界上最聪明的人，可为什么会记不住自己的电话号码？"对方惊愕地问。

"记不住，"爱因斯坦回答，"只要翻开本子就能知道的东西，我为什么要去记？"

即学即用

1. 养成经常卸载的习惯——在会议中用气泡框记录想法，做笔记，或者在白板上梳理结论。如果是在交流过程中，则要让其他人看到你做笔记的过程。

2. "待办事项清单"也是卸载的途径之一。为了提高做事情的效率，很多人已经在使用这份清单了。

3. 随身携带一个小笔记本（纸质的笔记本或者智能手机），记录突然闪现的灵感，绘制思维导图。

4. 用手机拍下想法气泡框和白板上的内容，留作记录，方便随时查看有用信息。

5. 记住，就算你没有保存笔记，做笔记这个过程本身就已经提高了你的思维质量。

消解决策疲劳：每个时间段都很重要

在××国一所监狱里，一名法官、一名社会工作者和一名犯罪学家先后与3名囚犯进行了面谈。

也许你以为我要讲一个蹩脚的笑话，但这是件真实发生的事情，它与一个研究项目有关。根据《纽约时报》（*New York Times*）报道，3名××国囚犯均已服完三分之二的刑期，但只有一个人获得了假释。你认为这个人是谁呢？

1. 因诈骗罪被判处30个月徒刑的A裔××国人（审理时间为上午8：50）；

2. 因侵犯人身罪被判处16个月徒刑的B裔××国人（审理时间为下午3：10）；

3. 因诈骗罪被判处30个月徒刑的A裔××国人（审理时间为下午4：25）。

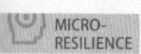

由于法官是 B 裔人,所以,B 裔囚犯似乎更有可能获释。就算不考虑种族因素,以第二名囚犯所剩刑期最短为根据,我们也可以做出相同的推测。

然而事实是,第一名囚犯获得了自由。既然第一名囚犯可以获释,那为什么第三名囚犯不可以呢?要知道,两人的罪行和刑期完全相同。

"假释委员会的决策遵循一个模式,"撰稿人约翰·蒂尔尼(John Tierney)说,"不过这个模式无关种族背景、罪行或刑期,一切都在于时机。"斯坦福大学的乔纳森·勒瓦夫(Jonathan Levav)和本-古里安大学的沙伊·丹齐格(Shai Danziger)对 8 名法官审理过的 1 112 个案件进行分析,发现在上午刚开始审理时,法官批准假释的概率为 65%,而到法官离场用点心或吃午饭之前,这个概率会逐渐降为零。当休息时间结束后,法官批准假释的概率会立刻回升至 65%,然后持续下降,直到下一次休息或一天结束。

第一名囚犯很幸运,由于案件审理时间是在上午 8 : 50,所以他得到好消息的可能性要高得多。另外两名囚犯则要继续服刑,因为他们的审理时间不幸被安排在下午快结束时。勒瓦夫和丹齐格轻描淡写地总结道:"我们的发现表明,司法判决会被本应与法律决定无关的因素所左右。"

他们的发现得到了大量研究的支持,这些研究表明,连续做多个决策的能力很容易随着时间的流逝而变得不稳定,这种现象被称为"决策疲劳"(decision fatigue)。根据专家的说法,我们的精神敏锐度往往比我们想象的要脆弱,不过,我们可以通过一些非常简单的对策来恢复它,例如欣赏自然风景、短暂的休息、积极的情绪调整以及增加血糖含量。

2014年的一项研究表明,随着时间的流逝,医生所开处方中的抗生素含量会逐渐攀升,甚至过量,即便检查结果表明病人无须使用抗生素。参与调查的护士告诉我们,大多数对止痛药上瘾的人都知道,在一天快结束时求医更有可能拿到他们所需的止痛药,因为这时候的检查并不是非常严格。

法官和医生都受过高等教育,在生死攸关的事情上,我们需要依赖法官和医生的判断,但即使是受过高等教育的他们,做出的判断也会明显受就餐时间或某个时间段的影响。这样来看,我们做出的判断又何尝不是如此呢?

即学即用

1. 把重要的决定安排在早上,或者安排在通过补充食物、休息或其他恢复方式(具体见第78页)使自己精神焕发之后。

2. 不仅要注意自己的疲劳程度,还要留心团队其他成员的疲劳程度。如果在午饭前或者一天将要结束时恰好需要做某个重要决定,那么就尝试推迟决定或者在所有人恢复精神之后再次讨论。

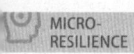

3. 抓住一切机会简化办公室、衣橱、房间和日常活动，从而减少每天的决策量。例如，随着旅行经验增加，邦妮带的行李越来越简单，现在她只穿黑色短裙、黑色上衣、黑色鞋子，再用红色、蓝绿色、鲑红或其他亮色首饰和夹克提亮，节约了大量打包、打扮和洗衣时间。

4. 训练团队成员，让他们承担更多决策任务。一些管理者喜欢运用微观管理，他们不提倡团队成员做决定，哪怕是鸡毛蒜皮的小事，也鼓励他们事先请示。相比之下，分散决策权使资源和准备更充分，更有利于维持团队的高效运作。

5. 将重复的决定做成记事清单，这样做可以节约时间和精力，提高准确率。这个方法可以用于决定任用哪位员工，或者下次要购买哪些物品。你有过到了健身房才发现没带运动鞋的经历吗？"健身日清单"省去了决定带物品的过程。

不要混淆记事清单和简单的待办事项清单，后者仅作为帮助记忆的材料，在你把事情都做完后就可以扔掉了。记事清单可以反复利用，也可以修改，它将大量减少某些工作所需的评估时间和分析时间。在《清单革命》(The Checklist Manifesto)一书中，杰出的外科医生阿图·葛文德（Atul Gawande）讲述了一些医院（从传染病的预防到手术操作）是如何通过全面发挥记事清单的作用，促使医生在工作上实现质的飞跃的。这引起了读者的关注。

记事清单似乎可以帮助每一个人——包括经验丰富的人在很多我们想不到的事情上避免失败。它就像一张认知网,捕捉所有人固有的思维缺陷——记忆力和注意力方面的不足,以及思考不周详之处。

葛文德承认他起初不太相信记事清单可以提高自己的手术质量,但这并不妨碍他将该策略提供给其他外科医生。后来,他坦率地说,由于使用了记事清单,他在工作中避免了几次很严重的错误。

即便是精明强干、训练有素的医生,也应该利用记事清单策略来保存珍贵的决策资源,以便在关键时候发挥作用。

6. 大卫·洛克建议要"重点划分优先顺序",因为对于大脑来说,划分事务优先顺序是耗能最高的任务。即便只是在几分钟里专注于某个任务,比如回邮件,也会导致你所剩的精力完全不足以妥善安排事情。划分事务优先顺序涉及一系列与抽象概念有关的决定,你必须将相关信息一次性存入工作记忆中。

因此,在头脑清醒并且不会被打扰的情况下划分优先顺序,并借助视觉辅助工具——彩色标签、教学卡片、便利贴或其他有组织功能的工具排出正确顺序。考虑到划分优先顺序这么困难,我们不妨把目前为止提供的所有辅助大脑的方法都用上。

运动改善思维：锻炼一小时就能提高工作效率

当中年危机来临时，我们可能会对未完成的目标感到悔恨不已，对死亡的意识越来越强烈，对逝去的青春感到怀念，或者试图纠正我们在年轻时犯下的错误。世界知名神经科学家温蒂·铃木（Wendy Suzuki）在遭遇中年危机时，开展了一项新研究，并根据自身经验写出了畅销书《锻炼改造大脑》(Healthy Brain, Happy Life)。她还给自己新增了运动计划，并得到惊人的发现：自从定期去健身房锻炼，她撰写项目申请书和科学论文变得更顺利了。

> 以前，只是完成申请书的一项内容就要耗费我一周的时间。但现在，我写初稿和做修改的效率都提高了，而且整个过程比以往更愉快。写作时，我的注意力更集中，思路更清晰。我能在不同的想法之间建立起更深、更重要的联系，而且这个过程比以往要快得多。

锻炼对身体有好处，这已经不是新闻。然而，锻炼和大脑之间的关系是一个较新的研究领域，这让温蒂十分着迷。她开始投入全部精力，研究锻炼对记忆力、创造力、情绪和其他大脑功能的影响。她的研究在很大程度上与我们所说的宏复原有关，即长期坚持锻炼的益处。

但也有研究表明，当天的锻炼就能提高当天大脑的工作效率。2014年，在斯坦福大学开展的4项实验中，玛丽莉·奥佩佐（Marily Oppezzo）和丹尼尔·施瓦茨（Daniel Schwartz）了解到人们的创造力在散步过程中会大幅度提高，而这种效果在散步结束后依然存在。实验过程中，他们采用了对比分析法，发现户外散步（光照充足）和室内散步（光线昏暗）的结果并没有什么不同，因而证明是散步在影响人们的创造力水平，而无关环境。

另一项研究在一所大型城市大学展开，研究者通过测验发现，经过20分钟的舞蹈学习，学生的思维灵活度、表达能力和想法独创性明显提高。此外，在伊利诺伊州的一所高中，研究者也取得了一个突破性成果。他们挑选了一些阅读水平低于年级平均水平的学生，让其每天早晨都上一节健身课。最终，相比于下午参加正常体育课的学生，这部分学生的成绩提高了近两倍。

总而言之，当天的锻炼能显著提高当天的高阶思维技能，且这种效果，包括思考更快、记忆存储和检索功能加强、选择性注意得到改善、思维更具创造性等在锻炼结束后仍会存在。

然而，我们还需考虑到一些局限性。根据佐治亚大学运动机能学（kinesiology）教授通波罗夫斯基（Tomporowski）的一项研究，短距离冲刺或马拉松等剧烈运动会削弱人们在运动结束后一段时间里的思考能力。高强度的锻炼会引起脱水和疲劳现象，可能对人们思维能力的提高完全没有帮助。相反，一小时以内的亚极量运动①（submaximal exercise）最有利于在短时间内增强脑力。

这些发现与宏复原观点相违背，后者认为，即使你因压力而把日常习惯暂时搁置到一边，持续锻炼也会给你带来长期的好处。以短期锻炼为观察对象的研究表明，如果你缺席了某一天的锻炼，那么当天，你的大脑将不能按需求一如既往地高效工作。微复原强调，适当的锻炼能即时提高人们的脑力活动水平。

这个观点彻底改变了我们。作为一对忙碌的夫妻，我们开始调整自身对日常事务的管理方式。我们不再说"我今天很忙，没时间锻炼"这种话，反而会确保自己在当日的计划中有某种程度的体力活动，哪怕只是短程步行。如果我（艾伦）某天下午有写作安排，就会抽出时间在上午骑会儿自行车。外出演讲期间，邦妮常使用酒店的健身房，或者利用健身计时软件在房间里做间歇训练。我们都体会到锻炼对写作、口头表达和其他高效能任务的有利影响。

正如温蒂·铃木所说："当锻炼进入你的生活时，你将收获更多的时间、精力和成果。"

即学即用

1. 当需要大脑处于最佳工作状态时，比如当天有演讲、要写

---

① 一种运动试验，也叫次极量运动。负荷时吸氧量为最大吸氧量的75%，MET值为8，心率150～165次/分（20～29岁）。

提案或者要向贵宾做产品介绍时,你一定要做锻炼。这个方法能刺激你的血液循环、内啡肽①(endorphin)和创造力。不要说"今天太忙,我没时间锻炼",要说"今天太忙了,我必须做点锻炼,让大脑活跃起来"。

2. 切勿过度!锻炼过度(或者锻炼时间超过一个小时)会导致身体疲乏,不仅无法增强脑力,还会减损脑力。工作十分辛苦的时候,你可以适当缩短锻炼时间。在相对轻松的时日,或者工作结束后的晚上,你可以更努力地塑造健康体魄。

4. 如果要开一个两三人的会议,你可以舍弃会议室,选择在办公区内或者楼层周围边走边讨论。

5. 确定一套你可以在办公桌前做的动作,包括:

转动双肩:

向前转动双肩 3 ~ 5 次,然后向后转动同样多的次数(图 2-3)。

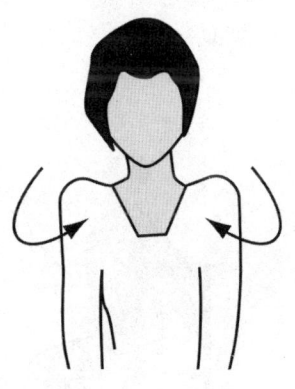

图 2-3 转动双肩

---

①人体内产生的一类内源性的具有类似吗啡作用的肽类物质。这些肽类物质除具有镇痛功能外,还具有许多其他的生理功能,如调节体温、心血管、呼吸功能。

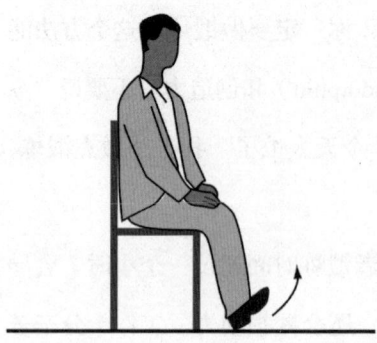

图 2-4 抬脚尖

抬脚尖：

脚跟贴地，用力向上抬起脚尖，保持至少 30 秒（图 2-4）。站立时也可做该动作。

颈部拉伸：

向右偏头，让右耳贴近右肩，再用右手扶着头轻轻往下压，保持 10 秒（图 2-5）。放松，换方向重复动作。

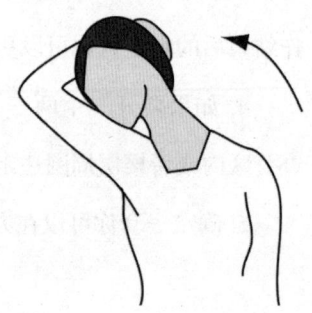

图 2-5 颈部拉伸

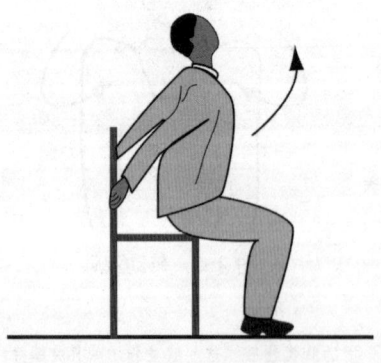

图 2-6 扩胸

扩胸：

坐在椅子边缘，双手往后伸，抓住椅背，吸气让胸膛鼓起来，再拉伸背部（图 2-6）。可以的话，头微微往后仰，拉伸颈部。重复呼吸，保持姿势 30 秒以上。

小结　与精神疲劳说再见

作为人类,我们有幸获得了其他物种不可企及的能力,凭此想象不存在的事物,为长远目标放弃眼前利益,用复杂的方式整合思绪。因为这些执行功能如此富有利用价值,因此,为了拓展自己的生活,我们不断为它们寻找新的用武之地。

然而,并没有人为我们提供一本关于大脑使用的手册。当我们不断刺激这个珍贵的器官,用日益复杂的任务和接二连三的抽象概念轰炸它时,实际上是在摧毁它的工作能力。相反,当我们以更有效的方式使用大脑的功能时,也是在提高自己的工作效率。未来,提高大脑工作效率的能力会越来越重要。

研究人员预测,人工智能将在很多岗位取代人类,美国半数在职员工将面临失业的风险。以法律行业为例,一方面,大量的助理工作都将交给电脑,因为电脑搜索文件的速度远远快于人工搜索,且成本更低;另一方面,重复处理专门业务(如简单的遗嘱)的律师很可能被"填空式"[①] 的网站取代。

[①] 用一个或多个单词替换的问题或短语,用空白行代替,让读者有机会添加缺失的单词。互联网上常用这种方法来进行测试,如性格测试、兴趣爱好、业务分析等。

为了在这个新的世界秩序中提高竞争力，预防失业，我们必须强化自身的比较优势——应对突发事件的能力、批判性的思维能力和整合不同信息的能力。专注力法则有助于我们更高效地使用前额皮层，它提高了我们与人工智能竞争的能力。

除了维系生存，专注力法则的策略也为我们提供了更好的生活方式。如果我们不再无休止地与精神疲劳作战，我们将更有同理心，更欢乐，也更具创造力。我们有能力应对挑战，憧憬更美好的生活，也可以为未来设立目标，并从容不迫地向这个目标靠近。

3

THREE

MICRO-RESILIENCE

复原的力量

第 3 章
重置大脑法则 及时为情绪解绑

我们一定要吃馅饼，有馅饼的地方一定没有压力。

——大卫·马梅特（David Mamet）

凯瑟琳的故事：
那个发火的疯子不是我

你是否曾因表现出愤怒、愚蠢的一面而后悔？运用下述方法瞒过负面的大脑，你可以立刻恢复平静。

多数人都憎恶这样的场面：一个快秃顶的矮个子男人，隔着一张精致的办公桌朝对面的女人怒吼。然而，对于凯瑟琳·卡梅伦（Kathleen Cameron）博士来说，这不过是办公室的日常。

"你竟敢用这样的态度对我？"怒火中烧的男人叱问，"你知道我的权力有多大吗？"

凯瑟琳身材高挑、金发碧眼，脸上总是带着温和的笑容。当看到这种形象的女士时，人们通常很难想象她是预备学校①（Prep School）的校长。然而，在凯瑟琳任职的地方，也就是备受推崇的新英格兰预备学校，每当自以为是的家长大发雷霆时，她总是最先出面解决问题。比如前面说到的这位"愤怒先生"，为了培养子女，他花了一大笔学费，因而也充满了夸张的权利意识。

> 一旦他们像那样大发脾气，情况就会变得很恶劣。有时候我觉得自己必须做点什么，比如洗个澡，把所有不愉快的情绪洗掉。但问题是，应付这种局面是我的工作，而且很重要。

凯瑟琳急需一种方法，可以帮助她缓解紧张气氛，避免几乎每时每刻都在发生的情绪攻击——来自不满意的父母、失望的教师、固执守旧的管理部门，通常还包括叛逆的"Z一代"②。在那张实木大桌子后面坐了近10年之后，凯瑟琳觉得自己更像是女魔头，而不是女校长。

> 我束手无策，只是做出反应而已。发火、争吵、像教官一样发号施令——我讨厌这样。工作中那些让我喜欢的东西似乎都化为乌有了，我变成了一个连自己都不认识的疯子。

---

① 相当于大学预科，美国的预备学校是为预备进入大学的学生提供ESL英语课程与基础课程的。
② 1995—1999年出生的孩子。

凯瑟琳的处境并不罕见。当感觉自己受到攻击、威胁，或者面对紧急情况时，我们的身体会变得不受控制，即时做出各种强烈反应。极度的压力很容易使我们变得不像自己，而当事后回想自己的言行时，我们会感到既后悔又痛苦："那根本不是我。"

科学证明，这种"不是我自己"的感觉是有物质基础的。前额皮层作为发达的大脑结构，有可能被大脑中更原始的结构绑架，导致我们本能、多疑、愚蠢的一面占据上风，在承受过大压力时，我们通常表现得不像平常的自己。

杏仁核劫持

"杏仁核"（amygdala）这个名称来源于希腊语中的"杏仁"一词，实际上是两块杏仁状灰质（gray matter），分别位于人类大脑皮层的左右颞叶区（temporal lobe）前部。在医学领域，杏仁核属于边缘系统的一部分，有时候也被划分为更古老的蜥蜴脑的一部分，在我们对外界威胁做出情绪反应时扮演着关键性角色。

19 世纪 80 年代末，神经科学家约瑟夫·E. 勒杜（Joseph E.LeDoux）清楚地揭晓了情绪反应背后的机制。而至 2005 年，丹尼尔·戈尔曼（Daniel Goleman）在其影响深远的著作《情商》（*Emotional Intelligence*）里，用"杏仁核劫持"这个说法来描述这种即时、强烈、与实际刺激不相称的情绪反应。戈尔曼写道：

勒杜发现了一小束神经元,它直接连接丘脑[①]（thalamus）和杏仁核。与那些连接大脑皮层的神经通路不同,这条更短更小的通路——类似于一条神经夹道——可以让杏仁核直接接收感官传达的信息,并且在这些信息被新皮层[②]（neocortex）完全记录之前就做出反应。

戈尔曼在报告中称,以老鼠为研究对象,神经脉冲经"神经夹道"传至杏仁核,只需千分之十二秒,而新皮层接收相同的信息则需要两倍的时间。就人类而言,虽然时间可能会更长,但这个比例是相似的。

当杏仁核察觉你的安全受到威胁时,它会拉响警报（相当于在你体内拨打报警电话）,这时,去甲肾上腺素（norepinephrine）、皮质醇（cortisol）、肾上腺素（adrenaline）和其他应激激素会迅速在你体内奔流。你听过"被愤怒遮蔽了双眼"这种说法吗？当你怒不可遏时,这句话里的每个字都是真的。应激激素会缩小你的视野,让你的听觉变得敏锐、心跳加速、血压升高、肌肉紧张,同时削弱你的免疫反应,切断你对无关信息的注意,并引起其他生理反应,让你的身体做好战斗准备或逃跑准备。

[①] 丘脑是间脑中最大的卵圆形灰质核团,位于第三脑室的两侧,左、右丘脑借灰质团块（也称中间块）相连。
[②] 新皮层是由端脑泡的假分层上皮演变而成,具有6层结构,它占据成年人整个大脑皮层表面的94%,也被称为均匀皮层。

杏仁核劫持极大增加了人类在史前世界的生存概率，危险时是否能果断做出反应在当时是生死攸关的问题。今时不同往日，面对生活中的压力，"战斗或逃跑"恰恰是我们最不需要的反应。

相反，能帮助我们应对21世纪各种挑战的是理解、分析和创造等高阶思维技能。一旦出现杏仁核劫持，新皮层的功能就会在一定程度上自动失效，我们的创新能力、协作能力和大局意识便不如平常了。承受着压力时，我们更容易产生负面情绪（如恐惧、焦虑、愤怒、悲观），在论证和分析上也更容易出错。这种以应对危机为目的的"出厂设置"与现代社会实况之间的失调，实在是太常见了。

我们有时更倾向于使用"情绪劫持"（emotional hijack）这个词，而不是"杏仁核劫持"，因为我们谈论的情况较为宽泛，严格说来并不都涉及杏仁核。事实上，杏仁核劫持引发的"战斗或逃跑"反应只是规避风险的一部分。

拒绝被劫持

引发情绪劫持的情况有很多。举例来说，当你向高层领导、某位重要客户或者业界同行做报告时，你会发现自己掌心出汗、心跳加速、张口结舌。你的身体以为"让你紧张起来"可以帮到你，事实上却给你增添了障碍。

莉莉（Lily）是一家制药公司的销售代表，她告诉我们这样一件事：一天早晨，她的汽车无法启动了，然而她3岁的儿子约翰尼（Johnny）已端坐在后座的儿童座椅上。更糟糕的是，她还得送丈夫尼克（Nick）上班，因为他的车正在经销店里等着维修。当焦急的莉莉和尼克还在后备厢里翻找跨接引线时，她意识到自己很可能会错过9：30与潜在客户的会面。

这种情况会引发身体内部一系列的连锁反应，把你变得像个离站的火车头——活塞加速运动、车轮不断滚动、蒸汽奔涌而出。很快，你这列重型情绪列车将呈现出不可阻挡之势。

尽管如此，只要我们意识到这个反应过程，便可以逐步避免劫持，或者至少可以给火车装上制动器。莉莉已经接受了微复原培训，因此她迅速确定了当下的情况，并用微复原技巧调整好状态。当她丈夫在用跨接引线发动汽车时，她发现自己可以趁机多陪陪对突发状况很感兴趣的约翰尼。后来，她不仅将儿子和丈夫都送到目的地，还按时赴了约会。虽然微复原并不一定能成为她按时赴会的原因，但这的确降低了大脑和身体受到的损伤。

不幸的是，不利的情绪反应在职场中很常见。丹尼尔·戈尔曼归纳了5种最容易诱发"办公室劫持"（office hijack）的情况。

1. 傲慢和不敬；
2. 不公平的对待；
3. 得不到赏识；

4. 感觉自己说的话没人听；

5. 不切实际的期限和要求。

比如，当你没有收到某场晚宴的邀请函，或者没有被指定加入某个项目小组时，你可能会觉得自己受到了严重的威胁，但这种感觉与实际情况并不相符。在一些实验中，研究者运用功能性磁共振成像技术（functional magnetic resonance imaging，简称fMRI）监测在模拟接球游戏中被冷落的人的大脑活动。成像结果表明，一个人如果被排除在外，他被激活的大脑活动与身体产生痛感时引起的大脑活动是一样的。

我们可能已经进化到把被他人拒绝视为一种痛苦，因为在原始文化中，能否融入群体极大地决定了一个人的生死存亡。社会交往中最轻微的、毫无恶意的冷落或许也会被视为"生死危机"，比如自己的桌子被安置到新的办公区域。

科学家还发现，对生活压力的担忧与压力本身造成的伤害一样严重。斯坦福大学心理学家凯莉·麦戈尼格尔（Kelly McGonigal）在她著名的TED[①]演讲——《如何跟压力做朋友》（How to Make Stress Your Friend）中就明确指出了这一点。压力不只与发生在我们身上的事情相关，也与我们的反应相关。一旦意

---

① technology，entertainment 和 design 在英语中的缩写，即技术、娱乐、设计，是美国的一家私有非营利机构，该机构以它组织的 TED 大会著称，这个会议的宗旨是"值得传播的创意"。

识到情绪劫持的目的是帮助我们——我们可以在不必要的情况下，弱化其负面影响——那生活中给我们造成威胁的压力源所具有的破坏力就减小了。

避免无谓的担忧

我们察觉到，并不是我们感知和应对的每一种威胁都对我们有害。某些威胁甚至可能根本就不存在。心理学家用"糟糕至极"（awfulizing）和"灾难化"（catastrophizing）来表述我们设想最坏情况的倾向。举例来说，如果老板皱着眉头从你的座位旁边走过，且没跟你打招呼，你很可能会为此编造出各种原因：我之前交的报告存在错误；她不喜欢我；我的大客户出问题了；等等。

在你的想象中，你面临着丢掉工作的风险；会付不了按揭；你无法支付大学学费，而你的女儿只能辍学；你将被迫离婚……但大多数情况是，你随后就发现确实存在着一个能充分解释老板行为的原因，但它跟你一点关系都没有。也许是因为午餐结束回公司的途中，她的车和别人的车发生了擦撞，而这影响到了她工作时的心情。

无谓的担忧对你的精力、注意力和健康极为不利。应激激素会抑制你的免疫系统，使你肌肉绷紧、坐立不安，长时间无法平息。同时，为了应对子虚乌有的危机，你也不可避免地会产生严重的体力透支和认知消耗。

以复原力（尤其是在极端情况下产生的复原力）为特定对象

的研究发现,"复原力强的人能灵活调动情绪资源,使其满足当下形势的需要"。复原力强的人在意识到危险不会成为现实后,明显能以更快的速度恢复镇定。相比之下,复原力弱的人在危机消失很久之后,仍会有化学和身体应激反应。

无论是不断给自己施压才终于功成名就的人,还是为家人的健康幸福、社区事务和其他"不容有失"的任务而烦恼的全职父母,都符合以上研究发现。就像马克·吐温(Mark Twain)所说:"我一生见过的麻烦堆积如山,而大多数从未实现。"

不断刺激应激激素造成的损伤并非不可避免。通过有规律地制止原始警报系统,我们可以改变神经和身体的反应方式,使其更适合当下复杂的实际情况。

给"坏想法"命名,进而摆脱它

继续说回新英格兰预备学校校长凯瑟琳的故事。我们让她回想与家长和教师发生冲突时的感受,并给这些感受命名。是生气、沮丧,还是脆弱、羞耻?科学家已经证明,只需要为某种感受命名,我们就可以与之拉开距离。最近,马修·利伯曼(Matthew Lieberman)和他的加州大学洛杉矶分校(UCLA)团队一起完成了一系列功能性核磁共振成像研究,发现标注措施能加速前额皮层的活动,从而扰乱应激反应。我们可以作为公正的旁观者,仔细研究自己的反应，而不是任由其恣意地消耗我们的精力。

"我在生气""我在担忧"，诸如此类的想法可以帮助你加强对情绪列车的控制。通过重新设置原始警报系统，你就能将自身和感受分离开；而随着思维逐渐活跃，你将意识到自己可以选择不同的情绪反应，比如同情或者幽默。大脑成像技术领域的权威人士丹尼尔·阿门博士（Dr. Daniel Amen）就对此表示赞同，指出："通常情况下，只要给想法命名，你就可以弱化想法的影响力。"

当你发现假想的末日景象不断在脑海中滚动时，请对事实进行客观陈述，对你自己说"我在设想糟糕至极的情况""我在把情况灾难化"。采取标注措施能助你回归正轨，恢复一部分被情绪劫持的精力。

在尝试标注时，凯瑟琳发现自己的自控力提高了。如今，凯瑟琳的访客不知道的是，她在剑拔弩张的气氛里所做的笔记，不仅包括行动方案和后续项目，还包括对每一次冲突引起的情绪的描述。这个方法给了她力量，使她将自身与情绪分离开。

即学即用

1. 当情绪如汹涌的潮水，要席卷着你偏离正轨时，请停止行动，标注你当下产生了什么感受。在发言前、被同事挑衅时或会议中（安静地）给你的感受命名，便可以立刻为你的情绪解绑。

2. 牢记！你可以选择自己的行为方式，而你的行为方式会反过来影响你的感受。面对无礼的同事，你可以生气，也可以选择以同情来回应；你可以以牙还牙，也可以选择无视；你可以与其冷战，也可以一笑置之。

3. 在给某种情绪贴上消极标签后，重新给它贴上一个积极的新名称。比如，在做报告之前，你的感觉是焦虑或者紧张，这时你可以将其重新命名为"激动"或者"非常在意"。

有意识放松法：腹式呼吸缓解心情

某天，我们要在一家财富 100 强医疗保健公司进行一整天的领导力培训。清晨，当我们正在做准备时，另一名培训者玛丽昂（Marion）心烦意乱地走了过来。玛丽昂还在酒店房间的时候，她的丈夫从国外打来电话，告诉她儿子因折断手臂，被送去了急诊室。震惊和恐惧让她慌了手脚，以致手机都掉进了马桶里。我们建议她深呼吸，可就在她照做的时候，我们发现她的肩膀和胸腔在上下起伏。于是我们立刻阻止她，向她示范另一种更妥当的方式，以便缓解肾上腺素飙升造成的影响。

虽然人们普遍建议在遇到压力时多做深呼吸，但只有少数人知道，胸式呼吸（玛丽昂所做的那种）反而会让情况变严重。恐惧和愤怒会引发浅呼吸，通常表现为胸式呼吸，其空气吸入量少于通过膈肌（diaphragm）进行的腹式（深）呼吸，后者的空气吸入量比胸式呼吸多出 8～10 倍。由于胸式呼吸比腹式呼吸需要的运动量更大，它反而会增加你的压力感。研究者称："用放松的、自然的呼吸方法替换受限的呼吸方法能有效阻止身体的应激反应，从而平衡自主神经系统，让人感觉头脑清醒、全身放松，迅速恢复到有利于健康和生命力的生理状态。"

丹尼尔·阿门博士也表示，腹式呼吸是他做过的最有帮助的锻炼之一。

> 我在开始学着用膈肌呼吸的时候，发现自己主要是通过胸部上半部分来呼吸的，且呼吸频率是每分钟 24 次。此前，我在军队里待过 10 年，学会了挺胸吸气，但这对缓解压力无益。于是很快，我便学会了如何让呼吸变得平缓，使每一次呼吸都变得更有效率。这种方式不仅有助于缓解焦虑感，还从整体上使我的情绪更稳定。
>
> 现在，每当参加重要会议、发表演讲或者接受媒体采访时，我经常会用这种方式来缓解紧张的情绪。另外，如果压力过大，我也会将腹式呼吸和自我催眠结合起来，帮助自己入睡。我现在的基准呼吸频率是每分钟不超过 10 次。

我们发现，这个方法对女校长凯瑟琳的帮助非常大。她是一

位受过专业训练的爵士歌手,精通腹式呼吸技巧。但她没有意识到,这些技巧可以与有意识的肌肉放松配合(详见下文"即学即用"第2条),在高强度环境中消除紧张情绪。试用了几周之后,凯瑟琳决定每天有规律地完成深呼吸和放松锻炼,在意识到自己极有可能爆发负面情绪时,她必定会增加深呼吸和放松的次数。

这些方法从规模上来看确实很微小,可一旦掌握要领,你就可以在一切高压情况下灵活运用它,而且不会被其他人察觉。1分钟、5分钟,你可以根据自身的需要来决定何时运用意识放松法。进入他人的办公室之前,几个简单的深呼吸便能降低你的边缘系统的反应,使你得到完全不同的会谈结果。

你还可以设置提醒事项来运用有意识放松法,然后每天做几次练习。如此一来,你便能沉着应对生活中不如意的琐碎之事,例如:上班途中遭遇交通拥堵,把咖啡洒到了笔记上,一位重要客户将会议延期。有意识放松法和深呼吸能让网球冠军在"分与分之间"恢复状态,同样也能让不是运动员的普通工作者在一两分钟的工作间隙里缓解紧张。

众所周知,每件小事都可能让你的脖子和肩膀比之前绷得更紧,以致逐渐累积完全不必要的肌肉疲劳感。因此,如果你必须不断打电话、开会,那么你可以有意识地在通话过程中、开会途中或者会议室里运用技巧使自己放松下来。不管你一天的行程有多满,你都可以把重置措施安插进去。

即学即用

1. 膈肌是腹式呼吸的关键,但对于我们大多数人来说,要使长期被闲置的膈肌变得强健,必须花时间来练习。你可以从以下简单的步骤开始:

坐下:双脚贴地,保证你的坐姿让你觉得舒适。

集中注意力:将一只手放在腹部,靠近肚脐处。

呼气:长叹一口气,将身体里的空气都吐出来,放松。

吸气:吸气的时候,腹部要扩张,这样你的手就会向外伸展。

重复:再做几次缓慢的呼气和吸气。将所有呼吸运动集中在腹部,肩膀和胸膛保持放松和静止。

2. 做深呼吸的同时,有意识地放松肌肉:

放松肩膀:以腹式呼吸开始,几次呼吸之后,在呼出时放松肩膀。

顺应重力:下一次呼吸时,顺应重力进一步放松肩膀。

将注意力集中在个别肌肉上:按照类似头、脖子、手臂、大腿、脚尖的顺序,重复上一步骤,让紧张感向地面转移,最后从脚尖释放,每呼吸一次就感受一遍彻底的放松。

呼吸收尾：再一次吸气、呼气，感受自己的放松，重新投入工作后，仍保持这种感觉。

3. 通过积极的想法提高腹式呼吸和肌肉放松的效果，比如将注意力集中在让你满怀感激的事物上，或者想一想爱你的人。这个技巧的作用是通过加速副交感神经系统的活动，从而停止或扭转连锁应激反应。积极的情绪有助于协调呼吸和心率，使两者形成一个高效同步的模式，即"心律一致性"（heart rhythm coherence），从而提高认知效率，增强免疫力。深呼吸和积极情绪的结合，能改善激素平衡（降低胆固醇，升高 DHEA，即脱氢表雄酮），缓解压力、焦虑、疲劳和内疚感。

感官法：让大脑高效运转的气味和声音

邦妮第一次见到琼·博里森科博士（Dr. Joan Borysenko）是在得克萨斯州，当时，对方正在一个大型会议上做发言。琼任教于哈佛医学院，是综合医疗研究领域的先驱，她和赫伯特·本森博士（Dr. Herbert Benson）创办了一家治疗身心的诊所，并出版了突破性著作《关照身体，修复心灵》（Minding the Body, Mending the Mind）。

琼的事业蒸蒸日上，但最让邦妮敬佩的，是她的个人经历和勇气。

在琼还是哈佛大学癌细胞生物学（cancer-cell biology）的博士后候选人时，她的父亲被确诊罹患癌症四期。后来，她含泪讲述了父亲离世的全过程——不是因癌症去世，而是在医院跳窗自杀。疾病、治疗和疼痛严重摧残着他的精神状态，以至于他选择放弃了生命。这一可怕的变故，改变了琼的事业轨迹，促使她开始研究行为医学（behavioral medicine）和心理神经免疫学（psychoneuroimmunology）。

我们在刚开始研究微复原的时候，邦妮打电话给琼，向她征求意见。琼的部分观点与我们的五大法则相近，如呼吸、积极情绪与复原有关。此外，在电话里，琼还分享了一条最新信息。"某些气味能直接中断情绪劫持，"她说，"比如肉桂、香子兰和肉豆蔻的气味。"

"是因为这些气味能让我们想到假日吗？"邦妮问。

但琼解释说，事实并非如此。正是因为这些气味能逐步弱化边缘系统的反应效果，并让我们感到放松，我们才将它们与假期联系起来。

丹尼尔·阿门博士在其作品《改变大脑，改变生活》（Change Your Brain, Change Your Life）中，为琼的观点提供了证据。"因为嗅觉直接深入边缘系统，所以气味对情绪状态的影响力之大也就很好解释了。恰到好处的气味可以让边缘系统冷静下来。令人愉快的气味就像是一种消炎药。只要让自己被花香等怡人的气味包围，你就能以一种强大而积极的方式使你的大脑高效运转。"

我们记得凯瑟琳说过,绿薄荷的气味让她想起了她妈妈沏茶的画面。从前,她的妈妈总会用从屋后树林里摘来的新鲜薄荷叶泡茶,这是很令人舒心的回忆。因此,我们建议她在办公室里存放一些薄荷茶包,以备不时之需。几个星期后,凯瑟琳又有了新发现:圆形薄荷糖的气味与她妈妈泡的茶一样,能安抚她的紧张情绪。或许,薄荷糖在发挥化学作用的同时,也发挥了唤醒回忆的作用。

换句话说,你之所以会发生情绪劫持,是因为大脑接收到的感官输入与某些威胁性记忆一致,而这激活了你的原始警报器;反之,与积极、安全的记忆一致的感官输入可以钝化你的惊恐反应。凯瑟琳在她的抽屉里放了一大袋薄荷糖,无论何时,一旦血压升高,她伸手就能拿到薄荷糖。

后来,凯瑟琳又想到用另一种方法来消除谈话过程中的紧张感。

> 我养成了一个习惯,那就是询问家长们是否愿意去校内咖啡馆喝点什么。如果他们愿意,我们就一起走去咖啡馆,买一杯咖啡,然后慢慢走回办公室。散步过程中,他们一直在欣赏我们学校的设施以及美丽校园里的整体氛围,看着孩子们开心地笑、活泼地奔跑。他们开始表现出感激和惊叹,而我们谈话的口吻也完全变了。

然而,她之后说的话让我们目瞪口呆。为了重置原始警报器,凯瑟琳对她的办公室进行了彻底的改造。

我的办公室里原本放着两把又黑又硬的椅子，它们可以说是世界上最不舒适的椅子了，人们坐在上面简直就是受罪。墙上还装饰着一大幅柯里尔与艾夫斯公司①的平版印刷画，上面画着一群荷枪实弹的男人，他们骑着马，正在追击一只可怜的、被吓得东奔西逃的小狐狸。想想看，这样一幅画会传达怎样的信息？

所以，我用沙滩和夕阳的照片重新装饰了墙壁。用一张舒适的沙发和两把软垫椅替换了折磨人的椅子。我还在办公室里放了一口鱼缸，它是几个毕业生离校那天送给我的，我喜欢极了！单是听着滤水器发出的汩汩声，就让我觉得很放松。里面还有一条怪鱼，为了打扫自己的"房间"，它经常衔起珊瑚碎片往玻璃上扔。

有时候，当我正和别人交谈，双方的情绪都很强烈时，突然听见叮叮当当的声音，什么情绪都瞬间消散了，只顾着不让自己哈哈大笑！即便是谈话不愉快的时候，我也被我所爱的、美好的事物包围着，总有种待在家里的感觉。如果我邀请了一个陌生人到家中，他却要给我惹麻烦，那么我是不会容忍他的，因为我随时可以让他离开。虽然我

---

① Currier & Ives，于1834年创建、1907年关闭的美国著名平版印刷公司。

知道自己身在办公室而非家里,而且我的访客们——包括难缠的家长——是付我工资的人,但是重新布置的办公室的确改变了我处理工作的方式。

琼·博里森科博士曾指出:"和气味一样,某些声音也能影响杏仁核的反应。"或许这就解释了为什么鱼缸里的动静能让凯瑟琳放松下来。在写《伟大的女性会领导》的过程中,我们参观了时装业CEO艾琳·费希尔(Eileen Fisher)的家,旁观她主持的一场全体高层管理者会议,并亲身体验了声音的感染力。会议即将开始的时候,艾琳对围桌而坐的一位女士说:

"苏珊(Susan),你可以带我们感受片刻的宁静吗?"

苏珊安静地点头,走向放在会议室中央的一张小桌子,桌面上铺着一张丝绸垫子,垫子托着一只中式黄铜碗。她面带微笑,看着所有人,然后拿起一根粗实的短木杖,敲了一下铜碗。颤动的敲击声如波浪般向四周荡开,扣人心弦,让我的呼吸再次放缓,神经渐渐放松。敲击声宁静如水般,温柔地渗进房间里的每一个角落、每一道缝隙,而我也融入其中。

尽管就大多数企业环境而言,上述操作显得太过"新潮",但科学证明它是有效的。纯净的音色能让紧张的听者镇静下来,从而清除他们的忧虑，减少边缘系统被唤醒的副作用，同时增加他们使用高级大脑资源的机会。用这种不同寻常的方式开始一场商务会议，有利于提高与会者的协作能力，使他们避免悲观，更积极地探索新颖的方案。

🔗 即学即用

1. 试着感受不同的气味，找到对你最有效的一种，比如薰衣草香、桉树香、柠檬味或杏仁味。购买含有你喜欢的气味的香蜡、喷雾或者熏香，在办公区域内为其寻找"战略位置"，但须留意周围是否有人讨厌浓香或对其过敏。

2. 寻找便捷的方式，将具有镇静作用的含香味的东西随身携带。举几个例子，如嘀嗒糖、口香糖、护手霜和草药茶。也有一些人将精油滴在掌心，细嗅香气。

3. 选择一份歌单收录你最爱的音乐，这些音乐能让你保持积极的精神状态。它们也许是你年少时听过的一首歌，也许是一曲舒缓的独奏或者弦乐四重奏，愉快的音乐能刺激你的前额皮层，从而抚慰你的心灵。如果没有外放音乐的条件，你也可以将音乐下载到智能手机或者 MP3 播放器里，在生活不如意时戴上耳机去听。

4. 在钟声、活泼的音乐或者与你所处文化环境相符的声音的伴随下，开始一场或大或小的会议。此外，会议开始时，发言人用玩笑引起的哄堂大笑，同样具有"沁人心脾"的效果。

一个姿势就能让人信心倍增?

哈佛商学院教授埃米·卡迪（Amy Cuddy）提出了另一种阻止或者弱化情绪劫持的方法，这种方法既简单又快速。埃米曾发表以"力量姿势"（Power Poses）为主题的 TED 演讲，谈论肢体语言如何塑造我们的形象，该演讲视频累计观看次数超过 3 200 万。

此后，她又在演讲的基础上完成了《气质》（*Presence*）一书。埃米注意到，在她的班级里，女学生的分数往往低于男学生，她猜想是因为非言语行为在考核内容中所占的比重过大：50% 的分数都是根据学生的课堂参与情况来定的。人对我们的看法一样。不出所料，埃米发现如果我们表现得自信满满、神采奕奕，那么我们就会渐渐成为有自信、有气势的人。

埃米和她的同事通过观察发现，从眼镜蛇到灵长类动物再到孔雀，野生动物都擅用开放式姿势来表现自身的支配地位。因此，他们让 42 个人分别摆出顺从或支配的姿势。摆出顺从姿势的人，从体态上看是封闭、内收的，几乎蜷缩了起来；而摆出支配姿势的人，身体看上去是打开的：双脚分开，双手叉腰。

研究发现，"支配"组成员体内的睾丸素明显升高，而皮质醇相应降低，后者是一种与恐惧感和压力密切相关的激素。此外，42 个人中，姿势充满力量的人更愿意为了在实验结束时得到回报而冒险。

当我们感到情绪被劫持、压力过大或无助的时候，只需摆出一个充满力量的姿势，便能让自己变得更强大、更勇敢，比如打开双臂或者身体前倾，探向桌面。这种姿势调整可能会向我们的身体内部发出信号，暗示我们仍然掌控着局面，也许还能降低我们的皮质醇及其他与恐惧相关的激素的水平。

即学即用

1. 练习肢体动作——最好能对着镜子练习：两腿分开站立，双手叉腰；坐在椅子上，尝试靠着椅背，十指交叉枕在脑后，双脚搁在桌子上。这些姿势颇为外放，会占用较大的空间。接下来尝试另一种坐姿：双手放在大腿上，耸肩，低头，这是一个内收的、封闭的姿势。须注意自己在摆出不同姿势时的感觉。

2. 在迎接意料之中的严肃场合之前，比如报告会、演讲、大型会议，把办公室的门关上，或者前往其他私人场所，练习如何摆出力量姿势，在即将面对人群的一瞬间，开始运用你的练习成果。当同事用无礼的行为威胁你时，或者当客户把坏消息告诉你时，努力将身体打开，这个姿势有助于维持力量和自信。观看埃米的演讲视频，理解力量姿势及其用途。

小结　更清醒地表达情绪

　　情绪劫持是形成于原始时期的生存机制，彼时，人类可用身体反应而非智力应对大部分的威胁。然而在当今世界，应对大部分威胁的这些身体反应恰恰是我们不需要的。我们需要凭借脑力和高情商更有效地解决现代问题，而非依靠狭隘而冲动的反应去解决。

　　好消息是我们可以改变自己的反应方式，从本质上实现人体操作系统的升级，从而应对各种挑战。近年来，大脑科学领域最激动人心的发展成果之一，便是发现大脑的可塑性远超我们的预料。通过实践和观察，我们可以提高大脑的运作效率，减少因脱离实际的身体反应而造成的精力损耗。

　　不重置原始警报器造成的损失可能是巨大的。一方面，在个性被劫持、情绪失控的短时间内，我们很可能会对自己的友情、爱情、亲情、上下级关系和客户关系造成不可挽回的伤害；另一方面，那些对自己沮丧、愤怒和恐惧的情绪隐忍不发的人也会陷入困境。克制情绪看似行之有效、有益无害，可一旦积累得多了，将使人状态不佳，给其带来严重的健康问题，损害其享受生活的能力。

　　情绪劫持激活警报的频率越高，你身体里的皮质醇、肾上腺素和其他应激激素的水平就越高。慢性焦虑症会干扰你的免疫系统、休息能力、消化能力和其他重要功能。不论是对他人发脾气，还是压抑自己的情绪，你都是在放纵杏仁核失控。最终，它们都会使你付出昂贵的代价。

我们并不是说，你必须彻底消除一切情绪劫持。如果你正经过某个不安全地带，或者醒来发现家里着火了，又或者要避开一头出现在高速路上的鹿，这种时候，肾上腺的反应至关重要。面对人生中的曲曲折折，愤怒、恐惧等负面情绪或许是合理的反应。然而在某些情况下，重置自己的原始警报器，能够让你更清醒地辨别这些情绪对你的暗示：

○ 给"坏想法"命名帮助你认识自己的感受，同时避免被其控制。
○ 有意识放松法帮助你预防激烈情绪。
○ 感官法让你保持心平气和。
○ 力量姿势帮助你从容应变，做真实的自己，而不是被逼得束手无策、惊慌失措。

解决内部警报器的问题之后，尽管你仍会在某些时候因为某些事情而愤怒，但你的反应会带有更多选择性。值得一提的是，这些反应通常都是有意识的，而非出于本能。

正如亚里士多德（Aristotle）所说："任何人都会发火，这很容易……不容易的是，向合适的对象、以恰当的分寸、在恰当的时机、带着明白的目的、通过合理的方式——发火。"这些方法的用途不是消灭你的情绪，而是帮助你更清醒地表达情绪。

4 FOUR

MICRO-RESILIENCE 复原的力量

第 4 章
心态管理法则　积极心态可以随叫随到

保持乐观，抵达成功。

不抱希望，一事无成。

——海伦·凯勒（Helen Keller）

普里亚的故事：
乐观的人更容易成功

"或许悲观主义者对的时候更多，但乐观主义者更容易成功。"从培养积极态度做起，你须要为此下苦功。

普里亚（Priya）订的酒店依傍着一条运河，她可以在这里观赏阿姆斯特丹首屈一指的风光。然而，她欣赏不到"北方威尼斯"的壮景。她的出差生活已经持续了四个多月，这段时间以来，她几乎从未停歇，独自流浪的状态渐渐耗光了她的精力。

每天早晨，她按惯例吃一个蛋白卷，喝一杯草药茶，接着再埋头工作一整天。工作—睡觉—工作—睡觉，每天不停地循环往复。普里亚是一家国际生物技术公司的全球总裁，位高权重的她每天都被枯燥的工作束缚着。

很多人都承受不了这种压力，然而，快速晋升为领导者的普利亚似乎反以此为乐。出色的工作能力、跨国工作、加班，这些是她对自己以及员工的要求。她不但严格要求自己的员工，更是严格要求自己，因此获得了奴隶主的名声。

> 别人都说我太直接、太强势，没有同情心或者同理心，可是我得运营一家企业，这是最重要的。我不可能一直唯唯诺诺，只跟他们说形势一片大好。而且，我喜欢一切都尽在掌握的感觉。如果不能随心所欲，我会感到沮丧、灰心。对于我来说，这既是工作问题，也是个人问题。

典型的A型人格虽然让普里亚获得了不小的成就，却已经严重影响到她的健康状况。压力导致她开始脱发，血压也逐渐升高。她的医生为此感到担忧，朋友们都劝她偶尔坐下来"冷静冷静"。

> 但是还有成堆的问题等着我去解决，一想到停下来休息，我就觉得很可怕，好像浪费了很多钱一样。

让普里亚放心不下的不只是她的事业。谈及更私密的问题时，她的语气更激动了。

我是在非常传统的文化环境下长大的，同龄女性都在年轻的时候结了婚，有了家庭。我一直很想成家，但我也想立业。36岁未婚，这个事实给了我很大的压力，不仅让我没办法自在地与人约会，还波及我的工作，而工作压力又反过来破坏我的个人生活。

在一年多的时间里，普里亚努力改善自己的领导方式，但结果却让她大失所望。最近，她又收到新的反馈信息，表明在过去的12个月里，她没有取得任何实质性的进步——定量分析结果显示，她的左脑缺乏共情能力；同时，她在社会交往方面也表现不佳。

我会打电话给负责海外项目的组员，问他们进展是否顺利；邀请员工去外面喝咖啡；告诉他们如果下班太晚，那就打车回家，不要自己开车；建议他们带客户去品质好的店里用餐，然后再找其他方式放松。我还尝试问他们我应该做哪些改变，但是我并没有得到具体的反馈。

我想让他们知道我是关心他们的，让他们知道为了成为更好的管理者，我正在接受专业的指导。我还咨询过一位形象顾问，得知在跟别人说话时不应该交叉双臂，并且需要经常保持微笑，这样可以让我看起来更加平易近人。

> 我已经非常努力了，别人却说我并没有改变，这让我觉得很沮丧。现在，我感觉自己很迷惘，害怕受打击。

普里亚的消极，根源于充斥在她生活中的不安的想法和感受。她努力地去扮演一位积极乐观、富有同情心的领导者，却未能弄清她对自己和他人的严苛态度才是问题的根本。相比之下，所有表面上的改变都显得无足轻重。

消极性就像泥潭，任何人都有可能不由自主地深陷其中。我们一感觉受到威胁，就会迅速产生强烈的忧虑、愤怒或悲观的情绪，这是由我们的生理构造决定的。一方面，从进化层面讲，史前时期，我们的祖先形成了以迅速、强烈的反应应对负面刺激乃至潜在负面刺激的能力，因为在当时，反应速度和强烈程度是决定生死的关键因素。

另一方面，早期人类在应对正面刺激时消耗的能量并不多。这种情况下导致的结果是，今天的我们在面对生活中的正面信息时，只会做出缓慢、不集中、近乎懒散的反应；而对于负面信息，我们仍然以一触即发的强烈情绪作为回应。

以生存为目的的进化，使我们更容易处于消极状态。这在很大程度上解答了为什么我们会以怀疑、恐惧和愤怒的方式迅速做出反应。蜥蜴脑认为我们仍然过着危险、野蛮的生活，生命还和当初一样短暂，它不知道世界已经变了。

为了保持积极心态，看到更多可能性，忠于自己的价值观而非冲动，我们必须有别于原始祖先，采取不一样的反应方式。我们必须放慢消极反应，将积极先进的理念放大。我们必须用更快、更高、更强（借用奥林匹克格言）的积极反应迎接生活。

许多不同领域的研究都指出，积极乐观的人更会挣钱、更健康、更长寿，与他人之间的关系也更融洽。传统心理学家马丁·塞利格曼（Martin Seligman）围绕这个主题，开展了600多项研究，其中一项研究表明，在人寿保险代理人中，乐观者的销售业绩比悲观者高出88%。

尽管传统心理学重点研究变态心理，但自称悲观主义者的塞利格曼却独辟蹊径，凭此成为积极心理学领域的先驱。《幸福是一种习惯》（*Happiness Is a Habit*）的作者米歇尔·菲利普斯（Michele Phillips）用一句话概述了该项研究得出的结论："或许悲观主义者对的时候更多，但乐观主义者更容易成功。"

当你进行积极的思维活动时，你也在拓宽你的视野，刺激你的免疫系统，以及更准确地发挥执行功能。某些实验还发现，积极情绪的提升与亲密度、信任的加深以及跨种族亲密关系有关。此外，积极情绪还能给人带来更好的工作表现。提高积极性能让我们发挥创造力，接受新体验，并且用正确的态度回应批评。对于争强好胜的A型人格者来说，保持乐观有助于降低他们历来面临的健康风险。

"愉快感"虽然稍纵即逝，却能左右我们的生活轨迹，这听起来似乎非常出人意料，但不无道理。北卡罗来纳大学教堂山分校的教授芭芭拉·弗雷德里克森博士（Dr. Barbara Fredrickson）提出了"积极情绪的拓展—建构理论"，指出积极情绪对思维和行动的拓展虽然是暂时的，却能帮助我们创建持久性资源。只要短暂的积极感觉频繁出现，我们便能建立起有效的人际关系网。

同样的道理，工作中的开明性和创造力可以帮助你提升技能、获取知识，让你脱颖而出。"积极情绪会一点一点地拓展人们的思维模式，对他们进行本质上的重塑。"

弗雷德里克森还打算通过周密的测试，进一步证明我们可以通过选择自己的思想或养成有助于维持更高积极性的习惯，来提高日常生活中出现积极情绪的频率。在最初的研究中，弗雷德里克森推测不断重复的外部刺激可以让参与者频繁产生积极情绪，而实际上，她取得的重要突破之一，是证明个体仅凭自身力量就能取得可持续的重要进步。

积极组织行为学（positive organizational behavior）领域的研究则超出了个体范围，并量化了积极性对公司和团队的影响。善于建立积极的业务环境、关系和沟通方式的领导者，往往会取得远超预期的成绩。越来越多围绕职场环境展开的研究表明，积极乐观的领导态度有助于激发员工的敬业精神，提高员工的工作能力，同时降低人事变动率。

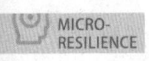

把培养积极态度作为解决问题的办法之一,这听起来似乎过于简单、矫情和不实在,但不要被你的自以为是给欺骗了:你需要为此下苦功,而你收获的回报也将十分丰厚。大量研究证明,积极性能带给人们实际的、实在的影响。以这些研究为根据,我们提出以下方法。

快乐急救箱:我一见"它"就笑

一只和饭盒一般大的白色塑料盒或金属盒,它的正面漆着一个红色十字,那是典型的急救工具箱。我们在家里放急救箱,是因为我们知道难免会被割伤或者烫伤。以此为灵感,我们想到了"快乐急救箱":不管多么努力地保持积极态度,我们在某些时候,某种程度上都有被烫伤、割伤或者损伤的可能,既然如此,我们为何不为自己的快乐准备一套急救工具呢?

当客户反应过激的时候,当你不可能在限期内完成任务的时候,或者当同事不配合你的工作时,你可以凭借你的专用急救工具,让自己打起精神来。普里亚讲述了快乐急救箱对她的帮助有多大:

> 我在电脑里创建了一个文件,把它命名为"幸福"。里面保存着侄子写给我的感谢信和邮件,还有朋友、家人甚至同事送的卡片。只要打开这个文件,哪怕只看一

两分钟，我就会有不一样的看法。我的急救箱里甚至还有自己的iPhone（苹果手机）。等车的时候或者在机场候机的时候，我就浏览那些与积极信息有关的照片和短信。

自从参加了我们的课程，普里亚开始使用很多微复原技巧。6个星期之后，她注意到一些显著的变化。

> 朋友们说我比以前更温和、更开朗、更积极了，好几个人都这么说。还有就是……我终于开始约会了！

这些改变让我们惊喜不已。普里亚和往常一样，没有过多谈论她的恋爱进展，但她显然很激动。重新找到的积极性彻底转变了她与每个人——朋友、家人、客户和同事——交往的方式。当她真正成为一个更友善、更积极的人之后，她以前努力扮演的友善而积极的形象便瞬间失色了。我们从未预料到微复原还能带给人爱情，得知这个事实让我们非常兴奋！

使我们保持积极性的因素多是因人而异的，因此，你的快乐急救箱会装什么，应该完全由你自己决定。我的急救箱里有一个装着巧克力的红色小帆布袋；一张女儿刚学会走路时的照片；还有一张便条（来自我已故的母亲），上面用精美的旧式字体写着"珍惜自己"。艾伦有一张小女儿打的欠条，内容是她承诺要给艾伦一

个拥抱和亲吻,还有帆船和高山滑雪场地的照片,以及他的大女儿小时候画的一幅画。

在其他人的快乐急救箱中,我们见过度假时用瓶子从阿鲁巴岛和阿卡普尔科装回来的沙子,用数字产品记录下来的狗叫声或者孩子的笑声。当不被认可的时候,你曾经收到的感谢信或许能给你些安慰。如果你能停下来,用几分钟时间关注那些让你从"闷闷不乐"变为"蓄势待发"的事物,你就能更好地管理自己的情绪。

∅ 即学即用

1. 列举能激发你愉悦感的物品——照片、礼物、纪念品、音乐、诗歌、感谢信等。

2. 将列举的物品放在身边,比如放在办公桌上、某个袋子或盒子里。情绪低落时,取出其中一两样物品,把注意力放在上面。你桌子上每天都能看到的东西(比如家庭合照),可能并不如你需要转换状态时拿出来的东西有效。

3. 创建一个电子急救箱——在电脑、平板或者手机上创建一个文件夹,用来保存让你感觉愉快的文章、歌曲或图片。普里亚不管走到哪儿,都带着她的手机急救箱。

4. 告诉某个同事或者家人,如果你某一天过得很不顺利,请他们用你的急救用品给你一些惊喜,因为我们往往是最后一个意识到自己需要急救的人。

5. 如果你非常了解一个人，那么你可以准备一个"起步"急救箱作为礼物。在里面放入对方最爱的食物、记录共同回忆的照片或者一张按摩时可用的礼券。之后，对方可自行往里面添加物品，让急救箱更适用于他自己。

ABCDE 理论：坚定→质疑→强化

ABCDE 理论是认知行为疗法（Cognitive Behavioral Therapy）中的重要概念，它建立在理性情绪行为疗法（Rational Emotive Behavior Therapy）的基础上，该疗法于 20 世纪 50 年代由阿尔伯特·艾利斯（Albert Ellis）创立。ABCDE 理论的基本观点是：尽管我们通常持有悲观的想法，但逆境或诱发性事件（adversity 或 activating event，以下用字母"A"表示）并不会直接导致某种不好的结果（consequence，以下用字母"C"表示）。

罪魁祸首是"A"和"C"之间的"B"，即坚定的看法（belief）。正是我们对逆境或诱发性事件持有的看法在塑造着不好的结果。因此，改变看法具有改变结果的作用。

字母"D"的意思是鼓励你质疑（dispute）你的看法，或通过与自己辩论来改变观点。字母"E"是提醒你采取与有利结果一致的行动，以便强化（energize）新的看法。方法说起来较为简单，但要抛开原先的看法不是件容易的事情，哪怕你并不喜欢它们所导致的结果。

辛西娅的故事

辛西娅（Cynthia）自信满满地走出卧室，准备出门迎接愉快的一天。这天早上，她先花几分钟时间做了冥想和瑜伽伸展动作，调整好了状态；然后挑了一套米色西装，用她最喜欢的湖蓝色和金色的围巾来衬托她绿色的眼睛，就连那仿佛有独立意志的、非裔美国人的头发似乎都在享受这美好的时光。身为洛杉矶一流的房地产经纪人，辛西娅此刻心平气和、胸有成竹。一想到那些在她的帮助下找到幸福住宅的单身人士、情侣和家庭，她就露出了微笑。

辛西娅来到一楼，转身走进厨房，就在这时，她仿佛被狠狠地扇了一巴掌。洗碗槽里堆满了锅碗瓢盆，碗沿还挂着黏糊糊的意大利面，柜台上丢着弄脏的盘子、刀具、杯子，到处都是凝固了的红色酱汁。她一动不动地站在那儿，坚信如果再往前走一步，那些红色的黏稠物就会溅到她身上，彻底毁掉她漂亮的衣服。

此时，辛西娅怒火中烧。头天晚上她去睡觉的时候，厨房还一尘不染，现在却乱七八糟的。毫无疑问，她 24 岁的女儿麦迪逊（Madison）——最近成为啃老族——在深夜匆匆做了一顿意大利面，然后把这堆烂摊子丢在了一边。

辛西娅既难过又生气。她每天早上都要打包有益健康的食物，以便在上班路上吃，这是 45 岁的她用来保持优美体态的方法。然而现在，她根本无法靠近冰箱拿她需要的东西。那个没良心的丫头，除了自己，她还会关心谁？

愤怒的妈妈从皮夹里抽出手机，用力敲打好一条信息，准备发给已经成年却不成熟的还在楼上睡觉的女儿：你没洗碗！

正准备按发送键的时候，辛西娅停了下来。"又变成这样了。"她想。麦迪逊从法学院毕业后，为了找工作而搬回了家里，那之后，母女俩似乎进入了无休止的争吵状态。辛西娅不想扮演一个什么都管的、愤怒的母亲，同样，麦迪逊也不喜欢一直被当成小孩子。过去两个月的相处对于她们来说糟糕透了。

在这里，你或许认为辛西娅进入厨房时发生的情绪劫持是主要问题。但是，当辛西娅做完深呼吸，决定不把那条愤怒的信息发出去之后，她意识到一个更严重的、持续恶化的问题：她和女儿之间的关系正在走下坡路，往不利的方向发展。

趁情况尚未恶化到不可挽回的地步，辛西娅决定采用 ABCDE 理论来转变她与麦迪逊之间的关系。不难看出，那些脏兮兮的餐具乱七八糟地丢在厨房里便是诱发性事件，即"A"。她停下来，运用已学的知识提醒自己："'B'代表我对当下情况的看法，我认为麦迪逊不尊重我和我的房子；我应该把她从床上拽起来解决问题，否则我一定要让她受到惩罚；作为她的母亲，我有责任让她纠正自己的错误行为或者为自己错误的行为承担后果。"能明确表达自己的看法，辛西娅感觉舒服多了。但是，她怎么改变这些看法呢？

"C"即辛西娅的看法导致的结果，代表了母女关系的现状。

她再三思考，想道："和女儿之间的拉锯战消磨了我的理智，破坏了我们母女的感情，当然也不会对我今天的房地产交易有利。"

辛西娅知道要继续执行"D"，即质疑她的看法。只有这样，她才有可能改善和女儿之间的相处状态，但这是最困难的一步。辛西娅认为麦迪逊像现在这样对待她是不合理的，这似乎不是她的看法，而是一个事实。

她努力地尝试站在她女儿的角度看待问题。麦迪逊很用功地完成了学士课程，以数一数二的成绩从法学院毕业。然而，由于经济不景气，律师行业并不吃香，麦迪逊的完美就业计划受到了阻挠，而她的大部分同学也仍在待业。她去年夏天曾在一家公司实习，可那家公司告知所有实习生，没办法向他们提供任何长期的职位。麦迪逊只得鼓起勇气搬回家里，每天花10个小时投简历、找关系，用尽一切办法突破困境，可是到目前为止，她只得到了一次面试机会。

辛西娅开始有了不一样的看法：

> 好吧，她在这个阶段表现得太以自我为中心了，这一点确实让我不满意，但是说不定这种专注正是成为律师的必备条件。她没有变懒、没有吸毒、没有抑郁，我想我必须意识到她的行为并不是针对我，不然我会做出很多消极反应。我希望我们可以表现得像两个可靠的室友，我想让

她分享房屋所有权。如果我一而再再而三地批评她,她就没办法享受身为主人的满足感。

辛西娅继续执行下一步策略"E"——用行动强化新的看法。

我可以停止扮演严格的纪律执行者,将注意力放在她令人钦佩的职业道德观上。我可以退一步,用成熟的沟通方式告诉她我有哪些方面的需要……比如每天早上希望看到一间干净整洁的厨房。

辛西娅用一小段文字总结了她的思路:

A——诱发性事件:脏乱的厨房。

B——看法:对我不尊重。

C——结果:无益的、破裂的关系。

D——质疑看法:不是针对我。

E——用行动强化:把她当成年人对待,哪怕她有时做事不像成年人。

辛西娅写好总结时,麦迪逊刚好从楼梯上走下来。"早上好,妈妈!"她大声说,"对了,我很抱歉把厨房搞成这样。我昨天在

图书馆待到闭馆,回来得很晚,当时又饿……又累。我保证在上午出门前打扫干净。"

这一刻,辛西娅感觉自己又充满了活力,紧张的情绪瞬间消散。就连重力也仿佛突然消失了,她只觉得浑身轻松。

在职场中,当棘手的性格差异突然出现时,ABCDE 理论能很好地解决问题。此处可以卡罗琳(Caroline)的故事为例。卡罗琳是法裔加拿大人,在一家电信公司担任客服经理。而鲍勃(Bob)是一位与她共事的高级主管,主要在得克萨斯州的奥斯汀工作。

卡罗琳对鲍勃怀有的负面情绪让她备受折磨,她感觉鲍勃歧视女性,而她的下一次晋升在很大程度上取决于鲍勃,这个事实让她处于两难的境地。她还注意到鲍勃不尊重她的工作方式和理念,尽管她取得了很多好成绩。她看不起这个男人,认为他们之间的工作关系不可能得到改善。

> 我现在一筹莫展……我讨厌这种感觉。他不尊重我,这让我很生气!

我们逐步引导卡罗琳使用 ABCDE 策略。显然,她现在面临的困境(A)在某种程度上归因于鲍勃,她坚信(B)鲍勃不尊重她的工作成绩,而这将导致一个消极结果(C)——她的职业发展会受到限制。

卡罗琳的看法很坚定，因此，她需要花时间去质疑（D）。我们选择的重点是，她认为自己和鲍勃的关系得不到改善。我们建议她从单纯的职业立场切换成个人的、非正式的立场，然后再重新考虑这个可能性。

卡罗琳知道，虽然他们的工作风格迥然不同，但是鲍勃在工作之余对奥斯汀的爵士音乐会很感兴趣，她承认找到他们之间的共同点会是一件有趣的事。不要把鲍勃当成魔鬼，把他看作一个和我们一样有缺点的人，这样一想，卡罗琳就将愤怒束之高阁，开始质疑她对鲍勃的刻板印象。鲍勃其实是想支持她的，可是他的大男子主义妨碍了他们建立良好的关系。是否存在这个可能呢？

为了强化（E）新的看法，卡罗琳需要采取行动。后来和鲍勃见面的时候，卡罗琳聊到了奥斯汀的音乐会，这让鲍勃兴致勃勃地讲述了自己对萨克斯管的热爱。之后，卡罗琳找了个理由去奥斯汀出差，在一个音乐演出场地为鲍勃和他的夫人安排了一次晚餐会。

> 见到他的夫人，大家一起聊音乐而不是工作，这令我见识到了鲍勃作为丈夫、父亲和爵士迷的一面，对他有了更完整的了解。事实上，我觉得和他待在一起很不错！真是出乎我的意料。这个发现一定会改善我们的工作关系！

即学即用

1. 使用 ABCDE 策略之前,先练习有意识放松。诱发性事件使你的情绪变得强烈,因此转变心态之前,你需要降低情绪的强烈程度。

2. 多数人会在"质疑"(D)环节遇到困难,如果你也一样,就求助于能帮你找到新视角的人。或许要和几个不同的人交流之后,你的想法才会真正朝积极的方向转变。

3. 要对你自己和转变过程有耐心。不论是把握好自己的情绪,还是将看法与实际情况分离开,抑或是对结果进行确切的理解,这些都需要一定的时间来完成。

4. 只有当你真想改变自己的看法时,ABCDE 理论才会起作用。当下的情况及其对你的生活造成的影响让你不堪重负,致使你不得不抛开原先的看法,哪怕它们是合理的。

5. 你可以帮助其他人运用该策略,但是不要强加给他们。你身边的某个人或许需要转变心态,但是只有当她几乎是在祈求你伸出援手时,她才会懂得如何运用该策略取得进展。

翻转法:在相反的情境中寻找答案

运用翻转法,你可以快速轻松地将你的消极态度转变为积极态度。这个有趣的方法不仅适用于个人,也适用于团队。

在研讨会上，我们将简单的白色索引卡分发给参与者，让他们在其中一面写下自己遇到的困境或者障碍。比如有人写道："我想攻读更高的学位，但我既没有钱也没有时间。"

接下来，我们让他们把卡片翻到另一面，写下意思相反的话……尽管他们并不相信那是真的。比如："我有钱也有时间，可以攻读更高的学位。"然后，我们让他们与同桌其他人一起讨论卡片两面的内容，这样就会出现不一样的看法和建议，甚至还有可能出现奇迹。

这个方法的神奇之处在于，你可以让其他人为你提供积极的能量或建议。如果你找到几个朋友，告诉他们："我没有重返校园的钱和时间。"他们可能会表示同情，并告诉你他们自己的处境也很艰难。但如果你说："我希望自己有足够的钱和时间去攻读更高的学位。"那么他们更有可能提出一些积极而有创造性的建议，比如网上大学，或者告诉你他们的朋友如何实现了同样的目标。如果你向世界抱怨，那么世界也必将回你以抱怨。为何不选择集思广益呢？

如上述所说，翻转法同样也适用于只有一个人的情况。我们曾在一次电台节目里介绍过这个方法，之后，我们收到了一封令人印象深刻的听众来信。

> 当你们介绍应该怎么运用翻转法的时候，我先在卡片上写了离婚之后我会失去房子，然后翻到背面，写道："离

婚之后，我能留下房子。"一开始，我觉得背面的话似乎完全不可能，但当我把这句话读了一遍又一遍之后，我突然意识到我妈妈年纪太大，不适合独居。我知道她讨厌在疗养院居住，而她面临的处境也让她越来越沮丧。后来我们达成一致，将她的房子出售，用这笔钱将我深爱的房子留下来，而她搬来和我一起住。翻转法太有用了，谢谢！

翻转法看起来似乎很简单，但我们已经了解到，这样的调整可以欺骗我们的大脑，让我们看到以前从未想过的选择。大多数时候，我们总会将困境或障碍视为事实，因此从来不会尝试在此基础上发挥创造力以寻求改变。翻转法引导你在一段时间内以相反的视角去尝试，并且不必对此做出评判，而就在这个过程中，你很可能为自己创造了一次成功的机会。

在一次研讨会上，一家财富 100 强公司的部门领导写道："执行委员会否决了我关于增加预算的提案，因此，我的部门不能按原计划实现创新性变革。"

他把卡片翻过去，写道："在不增加预算的情况下，我的部门一样可以实现创新性变革。"通过这个练习，他发现自己可以重新考量原来的预算方案，删除一些传统的、不起眼的项目，用省下来的这部分资金支持本部门的创新方案。转眼间，他就有了新思路！

关于翻转法的运用，我们遇到过一个非常有趣的情况。一个刚经历过离婚的女性希望大家帮她想想，卡片的背面应该怎么写。她在另一面写的是"SOBX"[①]。

想象一下，一旦其他人开始理解缩写字母的含义时，窃窃的私笑就会传遍房间里的每一个角落，且越来越响。

> 我的生活因为我的前夫而不快乐。他不按时支付孩子的抚养费，还总是让孩子们失望。我该怎么扭转这个情况？跟他复婚，还是躲着他？

我们很乐意向学习翻转法的所有参与者分享这个例子，并向大家征求意见。之后，有人建议她写"爱你的前夫"或者"原谅你的前夫"。我们的建议是：她应该在背面写上她自己的名字。但是几乎没有人往这个方向思考。她将她的前夫视为一切问题的根源，这实际上是在否定她自己。对于她的生活，她应该比她的前夫更有主导权。翻转法在不同情况下的运用都遵循一个相同的原则：能解决问题的是你自己，而不是其他人。

弗里茨（Fritz）是美国中西部一家大型国际化学制品公司的高级主管，他鼓励自己的团队运用翻转法应对个人生活和工作中面临的挑战。由于效果很好，他们还将翻转法定为每周例会上的

---

① "son-of-a-bitch ex"的缩写，意思是"混账前夫"。

活动。会议开始时，先由某个人主动分享自己在家里或工作中遇到的困难或困境，然后所有人用 5 分钟探讨能够扭转局面的办法。每次例会，整个团队都会针对其中一个人的问题，齐心协力地寻找解决办法。

即学即用

1. 明确一种困境或者障碍，将其写在一张 76.2mm × 127mm 的索引卡的正面。接下来，将相反的情况（无论你相信与否）写在背面。让与你的困境相反的陈述激发你的想象力，这将是一件美好的事情！

2. 求助。某些消极的、局限性的看法往往根深蒂固，此时，我们需要其他人向我们展示不一样的可能性。

3. 将翻转法的练习变成日常活动。正如白皇后（the White Queen）告诉爱丽丝（Alice）："我敢说你肯定不经常练习。为什么这样说？因为我有时在早餐前，就已经确认了六件不可能的事情。"

4. 本着微复原的宗旨，在有需要时立刻使用翻转法。以邦妮为例，有时在演讲前，她可能会注意到自己有些抗拒，有个声音不时地在她耳边说："我还没准备好，我不想面对那些不好应付的观众。"这时，她会立刻在后台对自己说相反的话，比如："我已经等不及了！"这样一来，效果会立刻显现。只要在脑中翻转卡片，你就能改变情绪的走向。

从 PPP 到 CCC：悲伤时，问自己 3 个问题

尽管我们认为或者倾向于认为自己是乐观主义者，但有时我们并没有察觉，悲观就像细小的杂草，在我们的生活中悄然生长。

通过下面的小测验，判断你处于乐观主义和悲观主义之间的哪个位置。

1. 晚餐有客人，可是食物很糟糕。你认为：

   A. 我的厨艺很烂。

   B. 我没选对菜谱。

2. 你在体育竞赛中获胜。你首先想到：

   A. 因为我真的很擅长。

   B. 因为我完成了足够的训练。

3. 某项重要考试，你的成绩很不理想。你内心的反应是：

   A. 我没好好备考。

   B. 我没有参加考试的其他人聪明。

4. 公司内部通讯中出现表扬你的信息。你的想法是：

A. 每个人都能得到类似的认可。

B. 我为自己的成就感到骄傲。

5. 我没有顺利找到工作。你的看法是：

A. 全国经济低迷。

B. 我没能有效利用人际关系。

马丁·塞利格曼发现，悲观主义者认为发生在他们身上的事情是永久的（permanent）、普遍的（prevalent）、个人的（personal）。比如，第1、3、5题，如果你的答案分别是你厨艺烂、你不聪明和全国经济低迷，那就意味着你认为糟糕的情况随处可见，且很难改变。若是你觉得和其他所有人相比，你尤其处于劣势，那尝试改善现状毫无意义。鉴于此，塞利格曼常将悲观主义称为"习得性无助"①（learned helplessness）。

相反，乐观主义者会选择"我没选对菜谱""我没好好备考""我没能有效利用人际关系"。他们认为消极形势是会改变的，并且不会将失败归因于对自己不利的外部因素。

如第2、4题，当好事发生时，乐观主义者会选择"因为我真的很擅长"和"我为自己的成就感到骄傲"，比起悲观主义者，他

---

① 指因为重复的失败或惩罚而造成的听任摆布的行为，是一种对现实的无望和无可奈何的行为、心理状态。

们更容易将结果内在化。相反，悲观主义者会拉开自身与成功之间的距离，认为幸运只是一种暂时的状态。

当糟糕的事情发生时，乐观主义者会说"这次，也一定会很快结束"；而悲观主义者在美好的事情发生时，才会说出同样的话。

发现自己在用"个人的""普遍的""永久的"悲观方式描述某个消极情况时，你可以问自己以下问题，从而让自己积极起来。

○ 要应对的挑战（challenge）是什么？

○ 我有哪些选择（choice）？

○ 我决心做（commit）什么？

从 PPP 到 CCC 的这种转变对 ABCDE 理论和翻转法的运用也有帮助。与其因感到受困、无助和愤怒而毫无作为，我们倒不如把注意力集中在挑战或者选择上，这样一来，我们就可以产生更多积极的能量。"你真正下定决心要做的是什么？"这个问题着重强调的，是你渴望的结果和与之相关的价值观。通常，我们必须在感觉良好和自己真正想要的事业（或个人目标）之间做出选择。

即学即用

1. 记录一天中发生的所有好事和坏事，并仔细思考你是怎样对自己和其他人描述这些事情的。是避开好事不谈，接受不好的结果,还是恰恰相反?

2. 选择一位同事或者私下结交的朋友,互相留意彼此的 PPP 表达。如果你是一个乐观的人,那么你的 PPP 表达可能是与某个具体的话题或情况有关。PPP 表达会在一天中某个特定的时候出现,或者在宣布坏消息时出现。通常情况下,关于它们在哪些时间点和地点出现,我们自己可能是最后一个注意到的人。请别人替你留意 PPP 表达,对于转变你的看法大有帮助。

3. 将 CCC 变成习惯。将三个问题贴在你早上喝咖啡的杯子上,或者你每天早上都会看到的位置:浴室的镜子上、车里、电脑上。每天早上提醒自己:你决心要做的事情是什么?你有哪些选择?你正在接受怎样的挑战?

每天做一次思维练习

我们目前谈到的所有转变心态的方法,都可用于应对负面形势。快乐急救箱提供情绪急救,ABCDE 理论鼓励你质疑自己的消极看法,翻转法助你扭转困境,从 PPP 到 CCC 的转变帮助你从悲观主义变成乐观主义。但即便是在一切都进展顺利的情况下,你也可以主动出击,不给消极情绪任何影响你的机会。

如同健身能强化身体肌肉一样,每天进行积极思维训练也有助于改善你的世界观,换言之,即创造"新常态"。每天有意识地完成一定量的积极思维活动,将显著提高你的神经系统、血液循环系统和免疫系统的运作效率。在你锻炼积极性这块"肌肉"的时候,你的创造力、对外界反馈的接受能力和团队协作工作技能都将得到提升。

美国参议员柯尔斯滕·吉利布兰德(Kirsten Gillibrand)向我们分享了她每天坚持做的技巧练习,而这恰好也是我们喜欢的技巧之一。我们问她是用什么方法保持了复原力,毕竟她在国会工作,每天都要应对各种难题:选民投诉、慢得令人灰心的立法流程、强烈的舆论指责和政治诽谤等,更不用说还要为她所代表的民众解决实实在在的问题,比如贫困,灾后重建和有限的、能提供医疗服务的途径等。

> 我们会做感恩练习。在每天的工作结束之前,我和我的首席助理都会做很多次练习。我们尽可能在每次开会前都练习一次,我们也会找一个安静的地方表达自己的感激,比如在飞机上、车里,有时甚至在女厕所里。神奇的是,如果哪天不做这个练习,我们就会觉得一整天十分难熬。

消极性的情绪很容易令人气馁。不过,当对思维倾向进行有意识的细微调整时,我们能明显改善自己处理问题的能力。我们的朋友杰伊(Jay)是一位成功的好莱坞剧作家,他会把一些他最

喜欢的、让他备受鼓舞的名言记录下来,比如特蕾莎修女(Mother Teresa)说的和马特·达蒙(Matt Damon)说的。他每天早上都要背诵这些名言,不管他当时是在开车、走路,还是在星巴克里坐着,他有时会对着自己默念,有时会大声地说出来。

有一次,我们在墨西哥一座神圣的山顶上一边看日出,一边默诵着名言,突然就感觉有什么东西往我们身体里注入了能量。这只是一次简短的尝试罢了,要知道,杰伊每天都坚持这么做。

虽然吉利布兰德参议员的练习没有集中在早晚某个具体时段,而是断断续续地贯穿着一整天,但她的做法同样具有前瞻性。她和杰伊都选择未雨绸缪,而不是原地等待,即便事情一帆风顺,他们仍照常通过练习来保持或者改善自己的积极力量。

即学即用

1. 每天起床前,列举三件值得感谢的事,尽量保证同一件事在一个月内不会重复。

2. 一天即将结束时,给三个帮助过你的人写邮件,表达你的感激之情。

3. 每天与自己"约会",观察你平常不会多加留意的自然现象——日出、日落、夜空中的星星和浪潮拍岸。将这些现象当作不用付出就能得到的礼物,怀着感恩的心接受它们。

4. 至于更需集中注意力的练习,你可以参考佛教的慈爱冥想,弗雷德里克森博士在研究积极性期间就采用了这一方法。如果你信教，不管你信仰的宗教是什么，慈爱冥想都会对你有所帮助。在一个舒适宁静的环境里坐下来，做几次和缓的腹式呼吸（详见56页），你就可以将注意力集中在身体和呼吸上。将和平与安宁当作祝愿送给自己，你或许就会觉得自己的心灵充满了温暖的金色光芒。最后，参照以下顺序，将同样的、仁慈的祝愿向外传播，送给其他人。

- 你尊重和崇敬的人——榜样、老师、宗教领袖。
- 你爱的人——最好的朋友或者你的家人。
- 你既不喜欢也不讨厌的人——泛泛之交，你认识但不了解的人。
- 你厌恶的人——敌人、对手、宿敌。

想象这些人的样子，感受你与他们之间的联结，将积极的祝愿送给他们，比如"愿你好""愿你开心""愿你找到内心的平静"。

小结　积极的心态可以累积

当然，在某些时候，我们应该适当表现出愤怒、悲伤等消极的情感，容许自己和周围的人表现出强烈程度不一的情绪是有益于健康的。但是，盲目乐观的波丽安娜①（Pollyanna）式理想主义会使我们忽略重要的、必须解决的现实问题，尤其是在工作场合。因此，我们应该立足于现实主义和乐观主义的交叉点上，正如我们所做的许多研究表明的那样，这与我们的天性背道而驰。

为了更客观地说明，我们可以联想一下艾伦·亚历山大·米尔恩（Alan Alexander Milne）创作的角色——广受观众喜爱的跳跳虎（Tigger）和屹耳②（Eeyore）。这两个角色代表着行为表现的两个极端，向我们展示了盲目乐观和消极悲观具有怎样的危险。

跳跳虎常常不分情况就鲁莽地跳起来，因而会惹出不少麻烦；屹耳总是发表悲观言论，使百亩森林（Hundred Acre Wood）里的所有动物都被忧郁的氛围笼罩。尽管如此，在现实生活中，我们可以利用这两个可爱的角色使自己处于一种平衡的状态。

---

①美国同名经典儿童读物中的主人公，后来代指在任何情况下都非常乐观的人。
②一只旧的灰色小毛驴，人物特性：悲观、过于冷静、自卑、消沉。它出演了众多小熊维尼系列作品。

人类的进化结果决定了我们天生更容易像屹耳一样行动，而很少像跳跳虎那样。此外，外界环境也会对我们施加不利的影响。除了我们自身的生理构造以外，媒体传播的消极信息、煽动恐惧心理的政客、游离在我们生活或工作中的"屹耳"们产生的情绪，都是消极能量的来源。

为了在消沉的驴子和快乐的老虎之间找到平衡点，我们必须与内在天性和外在环境做斗争。你可以问自己"在做这个决定的时候，我是不是有点太'屹耳'了"，或者"我的态度是不是应该再'跳跳虎'一些"。如果答案是肯定的，那你是时候运用本章中的部分技巧了。相信我们，你将为自己的收获感到惊讶。积极的心态具有累积效应，它能显著改变你生活的方方面面。

> 跳跳虎的有趣之处，
> 在于跳跳虎很有趣[①]。

[①] 译自跳跳虎招牌歌曲中的歌词：The wonderful thing about Tiggers / Is Tiggers are wonderful things!

5

FIVE

MICRO-RESILIENCE

复原的力量

第 5 章
平衡调理法则　别忘了给身体一点呵护

我们保持身体健康当为首位,却不注意我们思想的清晰明确。

——佛陀(Buddha)

斯坦的故事：
让每个人保持活跃

当身体缺乏及时的调理时，再聪明的脑袋也会突然短路。

词典里对"man's man"[①]的解释，也是对斯坦（Stan）恰如其分的描述。作为弗吉尼亚州一家塑料制造厂的区域主管，斯坦几乎每隔一段时间就要和一帮小伙子外出"约会"。他会带他们去打台球（顺便为啤酒买单），或者在狩猎季节带着他们去打猎。

从一开始，斯坦便积极采用微复原技巧。他很认同该策略的科学性，也知

---

① man's man 因传统的男性兴趣和活动而出名或受人尊敬，也可译作传统男子主义。

道在工厂上班很辛苦，所以愿意尽己所能，让员工（也包括女员工）的生活变得更美好一些。一说到制造业，人们就会想到油渍斑斑的工装、机器的噪声和脏污的脸等。值得注意的是，斯坦的塑料制造厂从医疗注射装置到手机壳，无一不生产，但是这个用于制造产品的巨大"场地"，看起来却像医院手术室一样干净。

斯坦是在亲身体验过之后，才把微复原介绍给他的团队的。如果体验不佳，他绝对不会用新奇而不实用的方法来浪费员工宝贵的时间。他最先试用的技巧是"平衡调理法则"，更准确地说，是其中与补水（hydration）有关的技巧。

> 我已经有近两个月没有喝汽水了，以前我经常喝它，但现在我只通过喝水来补充水分……当然，早上的咖啡除外。我首先注意到的一点是，每天下午，我不再需要提神饮料了。以前一到下午1点，我就要喝激浪（Mountain Dew）或者其他汽水来补充能量，这样才能继续工作。现在我不需要了。事实证明，让身体一整天保持水分，比中途用咖啡或糖分提神的效果更好。
>
> 我之所以知道补水和不补水之间的差异，是因为在周末或休假的时候，我喝水的频率会降低，而一天下来，我会感觉很不舒服。现在，我每天都会注意补水，几乎是对这样做带来的舒适感上瘾了。

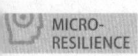

做这份工作，我要承受很大的压力，因为一旦工厂停工，我们将损失惨重。塑料制造厂里有时会进行工会谈判，偶尔也会出现事故……客户也都希望我们前一天的工作没有任何纰漏。而我的职责，就是让每个人保持活跃状态，不管对方是装船工人、程序员还是设计师。

补水能使我同时保持高效率和放松，对此，我不知道怎么解释。我的身体——虽然听起来很古怪，但当我补充了足够多的水分时，我感觉我的身体变得很软。不是像果冻一样软，而是很放松，我的头不再痛，肩上的肌肉也不紧绷，胃也不痛了。我感觉自己精力满满，思路清晰。我可以一整天都在工厂里走动，却不会像过去一样感到不适。

斯坦对补水的推崇，侧面证明了它在我们的生活中的确起着积极作用。不过，另一个同样重要的方法——维持最佳血糖水平，也能帮助调养身体。综上所述，补水和保持血糖平衡有助于你维持良好的新陈代谢，也能让你更好地贯彻执行其他微复原法则。

头昏脑涨时，不妨来一杯水

关于一天喝多少水有利于身体健康和微复原，这个问题没有标准答案。因为，这是由体重、运动量、气候等多种因素共同决定的。每天 8 杯水（约 2 升）是一种传统观念，也是很好的经验性建议，但是某些人需要的量或许更大。

从微复原的角度出发，我们对补水的看法与传统观念不同，我们强调的是喝水的时间而不是量。在精神紧张的时候，或者即将迎来任务截止日的时候，你总是将立于桌角的、近在咫尺的水瓶视而不见，而恰恰在这个时候，你最需要补水。

多项研究都曾指出，喝水具有直接提高效率的作用。英国的研究人员证明，相比于事先没有补水的测试人员，事先喝一品脱水再挑战脑力任务的测试人员的反应速度要快 14%。此外，科学家也证明，班级中喝水更多的学生，他们的注意力会更持久，记忆力也更好。

科学告诉我们，如果因为过于忙碌，而将喝水习惯中断几个小时乃至一整天，那我们做事情的能力就会下降。

与诸多研究结果一致，美国国立卫生研究院（National Institutes of Health）公布的一项关于水、健康和补水的报告发现，轻度至中度的脱水会损害人们的多种认知能力，包括短时记忆（short-term memory）、知觉辨认（perceptual discrimination）、算术能力，以及视觉追踪（visual tracking）能力和协调动作的能力。

上述研究解释了为什么水对斯坦的生活有如此巨大的影响。毕竟，更好的记忆力、算术能力、视觉敏感度和手眼协调能力在斯坦的工作中起到了非常重要的作用。当然，人际交往能力、组

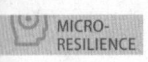

建复杂装置的能力和组织能力也必不可少。但归根到底,工作效率和盈利能力最为重要。

你是否经历过思维停滞的时刻?或者你明知道有更好的方法去做某件事,却就是想不起来?立即饮水或许能改变现状。

我们的小女儿埃拉(Ella)是一位很棒的演员,她天生热爱舞台表演。去年夏天,她自豪地宣布自己得到了贝特丽丝(Beatrice),也就是莎士比亚戏剧《无事生非》(*Much Ado About Nothing*)中的女主人公的角色。我们顿时变得非常激动,迫不及待地想看她如何表现沙翁笔下最机智、精明的女性角色。

然而苦恼的是,埃拉后来发现自己要念一百多段对白,其中还包括复杂的长篇独白,而且必须使用16世纪伊丽莎白时代的英语。这是一个夏季的剧目,给所有演员的排演时间只有两周左右,时间颇为紧迫。

有一天,在背了近一个小时的台词后,我们的演员沮丧地说:"我感觉头昏脑涨,我不可能掌握所有台词。"

"喝水。"我们催促她,并向她解释了与该建议相关的研究及其合理性。

庆幸的是,埃拉还没到不听父母建议的年龄。她喝了一些水,然后继续奋战,不一会儿,她就发现自己的状态有了些改变。

"台词记起来容易多了!"她告诉我们,"我的脑子比刚才好使了。"

埃拉不仅掌握了兼具长度和难度的对白,还在她的人生中成功地扮演了贝特丽丝，一个坚强而独立的角色。现在，只要埃拉在记忆信息、备考或者执行其他复杂的任务，她就会时不时地把手伸向水瓶。

上文提到的研究，还揭晓了补水更深层次的影响：当你的灰细胞（gray cell）处于焦渴状态时，运用专注力法则产生的效果并不理想。因为在大脑中，水所占的比例多于70%，而在身体其余部分，水的占比接近60%或者65%。这意味着，即便你的大脑开始缺水，你也不会立刻感到口渴。有鉴于此，一些专家建议我们在感觉到口渴之前饮水，以便保持最佳的"身体水合状态"[①]（body hydration status）。

水合状态还会影响我们的情绪。在美国国立卫生研究院的研究中，据参与者反馈，轻度缺水造成的后果包括疲劳、思维混乱和愤怒。当你运用"重置"技巧化解情绪劫持的时候，或者运用心态管理法则提高积极性的时候，轻度缺水这种看似寻常的状况，却能瓦解你的努力。或许斯坦所说的身体变"软"，同时思维更敏锐、头脑更清醒，所反应的便是"身体水合状态"。另外，由长期缺水导致的愤怒、混乱和疲劳，会通过消耗他的精力、妨碍他的工作"硬化"他。

身体健康状况不佳，也会加大人们复原的难度。美国国立卫生研究院指出，缺水不利于人的肾脏、心脏、消化系统和皮肤；

---

① 即体内的水分含量充足。

相反,良好的水合状态有助于降低患慢性病的风险,比如头痛、尿道感染、高血压等。此外,斯坦发现,每天坚持饮水,可以消除习以为常的疼痛和不适感。

我们已经引导数千人完成了微复原课程,他们之中,大多数人都学会了运用一些简单的步骤,将补水变成日常。下面的提示可以让补水变得更有趣,更有吸引力。

即学即用

1. 买一个你喜欢的水瓶。选择一种不寻常的颜色,在上面贴贴纸,或者选一款设计时髦、与你的风格相符的水瓶。一位女士就曾在她的水瓶上写下鼓舞人心的四个字——"快乐补水"。

2. 在你的桌子上和车里各准备一瓶水。夏天使用隔热杯可以防止放在车里的水变得过热,冬天则可以防止其变得过凉。

3. 邦妮会把水果切成块来冷冻,并将之当作冰块使用。比如,将草莓冰块或橘子冰块放入水中,水的味道会因此变得可口。这会让她想到豪华度假村和休闲健身中心供应的饮料。

4. 草药茶本质上就是有味道的水,其补水价值和白水几乎一样。艾伦习惯把薄荷茶泡好之后,倒进水壶里冷却,方便一整天取用。

5. 感觉饥饿时,先喝一杯水。因为轻微的饥饿和轻微的口渴,两者的感觉是相似的。

6. 在外就餐时，如果餐厅没有立即提供饮水，那就主动请工作人员提供。

7. 如果饮食过量是你的烦恼，那么你可以在餐前餐后各饮一杯水。一天 6 杯水能帮助你减少食物摄入的总量。

8. 营养师建议我们每喝一盎司①含咖啡因的饮料或者酒精饮料，就要相应地喝一盎司水，从而抵消饮料的脱水作用。

9. 设定补水时间，将大部分补水安排在一天中最艰难、最艰巨的时刻。

科学平衡血糖：今天我的脑细胞都死了

就像水合状态会对我们产生影响一样，葡萄糖或者血糖也影响着我们的复原力。虽然食品杂货店、冷藏设施和餐厅随处可见，能随时为我们提供食物，但我们有时仍然免不了忍饥挨饿。例如，我们有可能被困在停机坪上的飞机里，或者被接二连三的会议缠住无法脱身，又或者在孩子们参加校外活动时充当忙碌的专职司机。尽管现代生活提供了诸多便利，我们仍然可能有一连几个小时都无法进食的处境。

作为新陈代谢最旺盛的器官之一，人类的大脑尽管只占我们体重的 2%，但它每天都需要摄入 20% ~ 25% 的热量。举例来说，

---

① 1 美制液体盎司 =29.27 毫升。

在进行体力劳动和脑力劳动时，大脑的执行功能所消耗的葡萄糖远超其他无意识状态。在每一次进食中，葡萄糖在大脑中的储存量都很小，如果不持续补充，5～10分钟内便会消耗殆尽，因此，大脑的执行功能极易受到血液葡萄糖水平的影响。如果不经常补充食物，人们就有可能陷入思维混乱、无决断力和心情沮丧的境地。

当血糖水平降低时，我们的自我控制力也会相应变弱。听说过"饿怒症"（Hangry）吗？不进食的时间越长，我们控制情绪的难度就越大，因此很可能会突然变得怒气冲冲或痛哭流涕。低血糖发作（血糖低于正常水平）还会加重焦虑情绪。某个广告宣传活动曾打出标语："当你饥饿时，你表现得不再像你自己。"无论通过何种方式，我们都可以证明，这是一个重要的事实。

心理学家马修·加约（Matthew Gailliot）推测，更高级、更复杂的大脑执行功能是在人类后期的进化过程中形成的，因而，一旦资源变得稀缺，最先停止发挥作用的也是它——这是一个"后来者先走"的系统。在你的呼吸、心跳和其他维持生命的功能丧失之前，低血糖会过早地削弱大脑的高级功能，比如情绪控制。

当葡萄糖水平较低时，原始功能会压制后来进化的功能，成为主导者。自控能约束我们对食物和性的原始冲动，是克服懒惰，将愤怒转化为动力的能力，但是它对能量的需求非常大。平衡、稳定的葡萄糖水平可以为执行功能提供支持，帮助我们抑制原始冲动。

如果可以避免血糖波动（即使是"正常的"波动），我们就能收获巨大的回报。自控或许是最易受葡萄糖变动影响的功能，有证据表明，良好的自控力与健康的人际关系、高涨的人气、良好的心理状况、高效应对的技能、弱攻击性以及优秀的学术成绩之间存在联系。此外，良好的自控力还有助于降低滥用药物、酗酒、犯罪和患进食障碍的概率。

血糖水平过高（高血糖）也不利于大脑的运作。长期处于高水平的血糖，会从多方面破坏全身上下的细胞，包括脑细胞。要避免高血糖或低血糖，关键在于，对血糖水平的把握，就像"金发女孩"① 对粥的要求一样：不太烫，不太凉，刚刚好。

为了平衡血糖，你必须找到与你的生活方式和口味偏好相符的食物。我们无法告诉你具体是哪些食物，因此你要花一些时间和精力去寻找答案。明确你所摄入食物的血糖指数（glycemic index）是一个良好的开始。科学家设计血糖指数系统的初衷，是帮助糖尿病患者理解某种食物的摄入量超过多少时，他们的血糖水平会升高，但事实上，所有人都可以利用血糖指数来对自身的血糖水平进行微观管理，以便应对血糖的升高或降低。

摄入高血糖指数食物时，比如蛋糕和糖果，你的血糖水平就

---

① "金发女孩"来自英国作家罗伯特·骚塞（Robert Southey）的童话故事《三只小熊》（Three Bears），讲的是一个金发女孩进山采蘑菇，不小心闯进了熊屋，趁着熊爸爸、熊妈妈和熊宝宝外出还没有回来，金发女孩把厨房里各种好吃的东西一扫而光，然后舒适地躺在熊的床上迷迷糊糊地睡着了，还做了一个美梦。……有一天，三只熊回来了，金发女郎的幸福生活一去不复返。

会迅速上升，而在正常（非糖尿病）情况下，胰岛素（insulin）会立刻发挥平衡的作用，促使你的血糖水平降下来。当你精疲力竭地瘫倒在就近的沙发上时，摄入高血糖指数食物引发的血糖水平急剧上升会让你的精力过于旺盛，对于这种感觉，你应该并不陌生。但是另一方面，进食低血糖指数食物不仅不会造成血糖上升，反而可以使你更平稳、更持久地使用精力。燕麦片、鸡蛋、坚果和蔬菜等食物均为低血糖指数食物。

然而，你很可能会惊讶于你所能看见的血糖指数：葡萄干和无花果干的血糖指数几乎是新鲜水果的两倍！不妨参考值得信赖的资料吧，梅奥医学中心（Mayo Clinic）和美国国立卫生研究院提供的图表是不错的选择。

低糖零食

- 蛋类
- 鹰嘴豆泥
- 肉类
- 奶
- 豆奶
- 坚果
- 蔬菜

- 酸奶
- 樱桃
- 桃子
- 李子
- 奶酪
- 毛豆
- 肉干
- 蛋白奶昔（低糖或无糖）

当然，你也不必为了追求极致的生活而只摄入低糖食物。低糖食物搭配少量中糖或高糖食物，可以保持膳食或零食的均衡。我们建议你先咨询专家——医生或营养师的意见，然后再制订饮食计划。

即学即用

1. 尽可能在家里吃，如果不能在家里吃，也要尽量像在家里一样保持自主性。在家里，餐食含有多少糖、面粉或其他高糖原料都可由你控制。在外用餐时，你也可以点菜单上没有的东西，比如一盘烤蔬菜或者普通的烤鸡胸肉，而不必选择菜单上那些看似有营养的食物。尽量选择你想吃的。这样做或许会让你觉得难为情，但你一定是最幸福的那一个，因为在一桌人中，你吃得最健康，也最开心。

2. 携带食物。不管你是和我们一样每个月要外出两三周，还是只在住处的周边活动，随身携带食物都可以帮助你避免错误的选择。这是一个对低糖食物不太友好的世界，如果你在机场看到正在售卖的苹果，它们旁边通常都摆放着薯条。一旦血糖水平降低，你的判断力和自控能力就会出现失误，而这对于苹果来说，可不是一场公平的较量。我们认识的那些饮食习惯最健康的人，总是随身带着自己喜爱的零食，所以，他们不太容易受到高糖食物的诱惑。

3. 食用大量水果和蔬菜。你不必成为素食主义者，但一定要尽情享受大自然的馈赠，而这是大多数人没能做到的。准备葡萄、胡萝卜条或黄瓜片，带到公司或者在路上吃。用袋子装一些生菜叶，如果你想吃薯条了，那就把它拿出来吃吧。

4. 蛋白奶昔的作用。我们对多种蛋白奶昔进行过试验，目的是找到味道好且不含大量糖分的品种。完成你自己的品尝实验，虽然为你的奶昔规定精确的血糖指数不太现实，但是你可以凭常识做出低糖、低碳的选择。我们通常对大多数蛋白棒或即食麦片不感兴趣，因为它们多含有大量精制糖、精麦粉和其他高热量原料，但试想一下，如果这些原料的糖分含量不高，那它们一定会变得很难吃。这是我们的观点，而你只需要做出最适合你的选择。

5. 注意观察你的体验结果。我们常常忙于思考、工作和其他事情，意识不到自己身体内部发生的变化。监测自己的身体，及时发现焦渴、饥饿和早期低血糖的征兆,以及由低血糖引起的思维糊涂和暴躁易怒的情况。

6. 获取信息。数不胜数的网站和书籍都可以为你提供购物、菜谱和零食方面的建议。你也可以参考这样一本书——《给傻瓜的血糖指数饮食指南》(*Glycemic Index Diet for Dummies*)。

7. 根据需要寻求支持。坚持新的食品养生法并不是件容易的事。找一个搭档、加入一个小组,或者用应用程序记录你摄入的食物都会有所助益。邦妮通过慧俪轻体①(Weight Watchers)在线指导获取建议、激励和长期支持,而我(艾伦)则依靠 iPhone 版阿特金斯饮食(Atkins diet)应用程序来获取建议。

你还可以考虑每天都能见到的人,比如同事、客户、家人、朋友等,请他们帮你达成目标。当某个团队集体接受微复原培训时,他们会发现自己更容易养成健康的习惯,比如在工作场所按时饮水,坚持食用低血糖指数的食物。如果"调养身体"成了团体文化的一部分,那么其成功的概率也将变大。

---

① 一家全球领先的健康减重咨询机构。慧俪轻体的理念是通过智慧饮食和合理运动达到健康减重的目标,不依靠任何外力、药物及器械。

小结　像对待法拉利一样对待自己

想象一下，你在某个清晨走进车库，发现那辆用了 5 年的雪佛兰已经被一辆造型优美、线条流畅的法拉利敞篷车所取代。当钻进主驾驶室时，你立刻就感觉到身体的每一个部位，都由根据人体工程学设计的座椅支撑着。

你按下启动键，12 个意大利制造的气缸发出低沉的轰鸣声。无论道路多么曲折，你都能像赛车手一样冲过弯道。每一个动作你都能轻松流畅地完成，且毫不怀疑这台精美座驾所蕴藏的无限潜能。在那一刻，你因充满力量而产生了难以名状的兴奋感。

然而，你如果不给你的新座驾提供所需的燃料来展现它的超高性能，那将会发生什么呢？事实上，使用错误的汽油将导致法拉利所有的活塞很快丧失同步运行的功能；往油箱里加入廉价的低辛烷值汽油，将致使喷油嘴无法达到最大的运转功率。更严重的是，倘若你继续以这种方式来虐待它，那么你所拥有的工程学杰作就会变成一堆贵得可笑的船锚。

和法拉利的情况一样，人类若想自如地运用复杂的思考能力和巧妙的社交能力，也必须持续依赖高性能燃料和液体。如果你像对待精致的机械一样精致地对待自己,你的身体自然会用更多绝佳的表现来回报你。只要你准备好了,你随时可以用"性能超常的跑车"来替换"用了5年的旧雪佛兰"。

SIX 6

MICRO-RESILIENCE 复原的力量

第6章
意志力法则 发现并放大想做的事

> 人生中最重要的日子,是你出生的那天……
> 和你明白自己为何出生的那天。
>
> ——马克·吐温

砖匠的故事：
我砌的不是砖，是梦想

与其他法则不同，意志力法则需要从宏观和微观的双重视角来把握。只有了解自己的意志，你才能更好地走出每一步。

男人在路上遇见了一个砖匠，于是问："你在做什么？"

"砌砖。"砖匠耸耸肩回答。

男人继续往前走，遇见另一个砖匠在做着同样的事情，他又问："你在干什么？"

"筑墙。"他回答，将泥刀指向再显眼不过的垒好的墙壁。

男人漫无目的地沿着墙往前走，遇到第三个砖匠，他仍问："你在干什么？"

"建教堂。"这个砖匠回答，同时虔

诚地看着那块空地。某一天，一座宏伟的教堂会在那里拔地而起。

最后，男人遇到第四个砖匠，再次问道："你在干什么？"

"敬奉上帝。"这个砖匠一边平静地回答，一边细心地将两块完美契合的砖块之间的灰泥抹平。

——匿名作者

埃米莉的故事：没有意志，何来远见卓识？

埃米莉（Emily）安静地坐在自己最喜欢的藤椅上，细细地打量着她那坐落于圣克莱尔湖畔的美丽的维多利亚式住宅。在过去25年里，埃米莉和丈夫李（Lee）下了一番功夫，让他们心爱的华丽住宅恢复了19世纪末的原貌。

从多方面来说，翻修过程充分地显现了埃米莉自身的才能，以及她透过事物平庸的表面看到其高贵内涵的能力。然而在某些时候，精致的居住环境总让她觉得自己被困在了陷阱里——一个舒服的陷阱，但不管怎样，那始终是个陷阱。

埃米莉热爱摄影，她拥有商学和法学学位，同时还是一名商务编辑和作者。她会在工作之余写小说，并自愿为教堂和当地的慈善机构提供写作服务。虽然在各方面的表现都很不错，但埃米莉总觉得自己的生活里缺少了什么。她虽然有很多作品，却并不算成功；虽然勤奋，却并不因此而感到快乐。她很难说清到底是

哪里不对劲，就像知道自己忘了什么，却又想不起忘记的是什么。埃米莉的生活缺少某种……味道，就像她在最爱的汤里少放了某种原料，汤虽然可口，但就是无法让她感到满足。

> 我的生命中有很多让我振奋的事情，包括发展个人事业、写小说、旅游。但在55岁的年纪，我失去了年轻时候的热情，我不再像过去一样渴望改变和挑战。虽然我的头发早在几年前就已发白，但我还没准备好让自己的人生也过早地发白！我在寻找更多的……劲头。

"你没有提到你的意志，你清楚自己的意志吗？"在一堂训练课中，我们问她。当开设微复原课程多年后，我们发现对于很多人来说，意志与"劲头"很接近。

思考这个问题的时候，埃米莉皱起了眉头："你是指我的长期目标吗？你说的意志是这个意思吗？"

这是一个好问题。大多数人在被问及他们的意志时，都会联想到未来。意志似乎与长期的目标相近，因为两者都是你人生路上的指南针，会在你走错方向的时候提醒你。但是，意志的含义远比目标更深刻。无论你多么看重自己的目标，你的精力都有可能被它们耗尽。

对一名立志成为校长的教师而言，尽管他可以通过改变学生的命运来获取满足感，但与家长、其他教师和政府之间的利益争斗仍可能让他感到身心俱疲。此外，为提高地区教育质量而参加教育董事会竞选的全职妈妈，最终也可能因为无法忍受繁文缛节而退出。

意志比目标具有更强烈的指向作用，它会使我们精神焕发。你是否曾经非常喜欢做一件事，以至于沉浸其中，抬头时发现已是几个小时之后了？当你对某件事怀有极高的热情时，你将长时间处于精力充沛的状态，并能克服看似无法逾越的障碍。

但是，不管你的意志多么清晰、多么高尚，我们仍需要采取强化措施。当听完我们的说明后，埃米莉意识到自己的意志比她认为的还要模糊。

> 这么说来，如果你现在问我有什么意志，我一定答不出来。

这并不稀奇。我们大多数人都把目标与意志等量齐观，根本没有意识到我们的内心何时需要重新校准。缺乏意志并不会让你受到十分严重的伤害，只会逐渐改变你对世界的看法。只有别人直截了当地问起"你的意志是什么？"或者"你的意志强大吗？"时，我们才会停下来，意识到是时候进行精神上的"升级"了。

很多哲学、宗教、心理学、商业管理等领域的学者都发表过关于意志力的文章。纵观历史，很多高明的主张都强调，人类有必要为了生存和物质以外的东西而活,比如亚伯拉罕·马斯洛（Abraham Maslow）的需求层次理论、索伦·克尔凯戈尔（Søren Kierkegaard）的存在主义。

世界著名神经病学家、大屠杀幸存者维克托·弗兰克尔（Viktor Frankl）发现,第二次世界大战期间,在地狱般的纳粹集中营里,意志力是关乎生死的因素。弗兰克尔讲过一个故事:一个男人做了一场生动的梦,他梦见战争即将结束,而他在一个特定的日子——3月30日被放出集中营。

几个星期以来,他因为这个梦信心倍增,眼睛更有神,步伐也更轻快。然而,随着日期越来越近,战争不会立刻结束已成为明显事实,他开始生病、发烧。到了3月31日,他因斑疹伤寒病而去世了。意志力的丧失使他陷入绝望,并破坏了他的免疫系统。最终,他放弃了抗争。

在奥斯维辛（Auschwitz）和达豪（Dachau）的恐怖集中营里,弗兰克尔还见过许多这样的例子,许多人失去了生存的意愿,放弃了希望,最终走向死亡。他将自身的幸免于难部分归因于强烈的生存欲望——在可怕的苦难中寻找生命的意义,并在不久之后写下了这段经历。从本质上说,他得出的主要结论是,发挥意志力不仅能让你凌驾于苦闷之上,还能激发你的勇气,甚至增强你的生命力,让你战胜能想象到的最悲惨的处境。

在距现在较近的年代,任职于拉什大学阿尔茨海默病中心

（Rush Alzheimer's Disease Center）的帕特里夏·波义耳博士（Dr. Patricia Boyle）为弗兰克尔的发现提供了支持，前者从统计学角度将生活中更高的使命感和方向感与较低的死亡率联系起来。通过为期5年的观察，波义耳博士发现，与不具备使命感和意志力的人相比，那些擅于从人生经历中寻找生命意义、有清晰目标性和意志力的人的死亡率要低一半。

随后，卡尔顿大学（Carleton University）的帕特里克·希尔（Patrick Hill）带领研究团队将上述研究扩展到更广的年龄范围，包括6000名参与研究14年的志愿者。"我们发现，能明确自己人生方向，并按照自己的追求设立重要目标的人可以活得更长久。这一点是不分年龄的。"希尔说，"所以，一个人的人生方向越早得到确立，就越早开始发挥保护作用。"就算将积极情绪和积极人际关系等有益健康的因素纳入考虑范围，意志力的长寿作用仍然是显著的。

在另一个完全不同的领域——商业领域，专家解释了领导者个人的意志力是如何帮助企业变得更强大、更成功的。约瑟夫·麦卡恩（Joseph McCann）和约翰·塞尔斯基（John Selsky）指出，意志力在动荡的环境里能发挥重要的路标作用，譬如，在业务重整阶段帮助企业稳定发展，在转型时期帮助领导者做出明智的决定。

经典领导力著作《第五项修炼》（*The Fifth Discipline*）的作者彼得·圣吉（Peter Senge）说："没有意志，何来远见卓识。我说的意志，是指一个人对自己为什么活着这个问题的理解。"

当我们把学术观点放到一边,开始寻找解决办法的时候,我们发现"意志力法则"与其他微复原法则不同,我们必须用不一样的方式来将其落实。因为大多数人对他们的总体目标没有清晰的认识,所以我们不能直接向他们展示如何通过微观技巧来获得复原力。

正如我们在埃米莉身上所了解的那样,只有人们先后退一步,从宏观角度把握自己的意志,我们才能更好地从微观角度为他们提供帮助。为了将收获最大化,我们建议你同时使用宏观技巧和微观技巧来贯彻意志力法则,这是五大法则中的唯一例外。

作为本书作者,我们有关意志的观点源于维克托·弗兰克尔的主张,即每个人都有责任发现、定义、追求自己的人生意义或意志,而且其他人无法代替你找到答案。在维克托·弗兰克尔《活出生命的意义》(*Man's Search for Meaning*)一书的前言中,拉比·哈罗德·库什纳(Rabbi Harold Kushner)写道:

> (弗兰克尔)在奥斯维辛的可怕经历坚定了他的信念:生命中最重要的事,如弗洛伊德(Freud)所说,不是追求享乐,如阿尔弗雷德·阿德勒(Alfred Adler)所说,不是追求权力,而是追求意义。对于每个人来说,寻找生命的意义都是最重要的任务。弗兰克尔认为人生意义有三个来源:工作(做重要的事)、爱(非常关心另一个人)和面对困难时的勇气。

同样，我们也认为意志是运动的、可变的，不是静止的、不可变更的。为此，我们将意志拆解为两部分：

意志 = 价值观 + 目标

为什么是目标和价值观？目标意味着行动和方向，价值观强调热情、信仰和快乐。不体现价值观的目标，等于没有意义的行动。反过来，没有目标的价值观，则是被动的、不坚定的。解释意志的方式或许有很多种，但我们发现，用上方的公式来对意志进行解构、提炼和应用最为便利。

（宏观 1）价值侦探：挖掘深埋于心的价值观

通常，那些给出一串法则，让你排出先后顺序的练习都会使人困惑。例如，判断诚实是否比努力更重要，或者远见是否比同情心更重要，这么做有什么用呢？在这类测试中，我们甚至见过有人用币值来衡量一些单词的特性。我们的"价值侦探法"则另辟蹊径。

先讲一个故事：

1926 年，年轻的英格兰女孩乔安娜·菲尔德（Joanna Field）觉得她的人生不真实，因为她不知道哪些东西可以

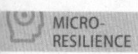

带给她真正的快乐。为了改变这种情况,她养成了默默写日记的习惯,希望借此发现在日常生活中,哪些具体的因素会让她产生愉悦感。日记最终于1934年出版了,字里行间,她像侦探一样不放过枯燥生活中的任何细节,希望从中找到头绪。

她发现她会因为红色鞋子、美食、突然爆发的大笑、读法语、回信、逛游乐场和获得任何一个崭新的想法而快乐。

我们的建议与乔安娜·菲尔德的做法相似——丰富价值观的定义,包括那些对你而言最重要的观念和能让你快乐的一切,如都市摩天楼之间的一线蓝天、儿童的歌声、海滩上挤进趾缝的沙子等。这些情绪试金石提供的重要线索有助于你认识真实的自我,以及你所看重的东西。

当像侦探一样研究自己的价值观时,你会发现随处都有线索指向你看重什么、不看重什么。可支配收入的去向如何?你如何利用空闲时间?一些人或许会去不同的地方旅行、学习、冒险或者扩大视野,另一些人或许每年都会去同一个地方参加家族聚会。这没有好坏之分,只不过是不同的选择反映出了不同的价值观,最重要的是如何活出你自己。

过去的故事是对价值观最好的呈现。20世纪上半叶,艾伦的祖父艾拉·海恩斯(Ira Haines)在宾夕法尼亚州经营一家面粉厂。

当时，农民宁愿开着粮车沿着崎岖不平的乡间公路，兜远路绕过其他面粉厂，也要到海恩斯兄弟面粉厂进行交易，因为在那里，他们的物品能获得一个实在的价码。

在那个年代，大部分交易都是以物换物，农民用粮食换面粉时，其他厂主会通过往面粉袋里放石头来增加重量，欺骗他们，而艾拉·海恩斯从不这么做。当艾伦思考"正直"一词的定义时，他祖父的故事就像一盏指路灯一样在他的脑海里闪现。遇到困难时，艾伦常问自己："祖父会怎么做？"曾经发生过的故事会在灵魂深处回应我们。

尝试了价值侦探法后，来自密歇根的作家埃米莉突然发现了深埋于基因里的价值观。

> 同样的想法一次次冒出来，我渐渐明白了这是怎么回事，这是在提醒我，不要忘了我的灵魂、真实的自我和一些永远不会改变的东西。我意识到自己是一个可靠、守时、忠诚的人。我深深渴望杰出的成就、亲情和写作的热情，我认为诚实和健康很重要。此外，我始终心怀感激，不管我的生活现在怎么样，以后会变成怎样。这个练习是一场深刻的探索之旅，让我发现是什么造就了现在的我。

当然，不一样的人会找到完全不一样的答案。探索过程和最后的结果同等重要,每个人都能从他(她)个人的性格、经历和文化环境中找到线索,而他们的答案都是美好的、独一无二的、真实的。

🔗 即学即用

1. 回答后文"侦探调查表"上的每一个问题,探索支撑你价值观的人生经历。

2. 如果你的回答与你的价值观并不一致,那么或许是时候重新考虑你的生活方式了。一些微复原课程的参与者告诉我们,这个练习给他们敲响了警钟。

3. 找一个搭档和你一起做这个练习,可以在喝咖啡或者用餐的时候分享过去的故事。一人扮演侦探,向对方提问,之后再交换角色。记住,被提问的人要将答案写下来。家人、朋友、同事都是你生命中重要的搭档,而这或许是一个难得的机会,能帮助培养你们的关系、强化你们的协作能力。

○ 扮演侦探的人须充分发挥调查者的精神,提出列表上的简单问题,努力透过对方的回答揭晓真相。在深入回答者内心的过程中,你也可以提出自己的疑问。因为被提问的人通常无法看到自己的独特价值观,就像一条鱼无法描述它周围的水一样,所以,你需要保持强烈的好奇心和顽强的精神，直至查出真相。

○ 确保被提问的人不会只写两三个字的答案。你可以要求他进一步剖析每一个答案，并将这些思路也写下来。

○ 轮到你被提问时，或者在你自问自答的时候，你可以不必列出工整的清单，你可以利用书上的空白处抒发感受。你也可以用更大的字体或者鲜艳的颜色呈现某些观点，如果你愿意，你还可以画画。

⌕ 侦探调查表

别人做哪些事会令你发怒？

你如何支配空闲时间？比如：参加聚会、社交、与家人团聚、做志愿活动、参加与信仰有关的活动、锻炼、培养业余爱好、进修、休息、看电视。列举你的前两个或前三个选项。

○ 你如何支配你的收入？

○ 在工作中或其他时候，你最欣赏哪些人？

○ 哪些工作让你觉得时间过得飞快，就算没有报酬你也愿意做？

○ 工作中和工作之外的哪些事情，让你觉得精疲力竭？

○ 什么能让你感到快乐？

○ 人们认为你擅长什么？你是否同意？

○ 你认为别人可以从你身上学到什么？

○ 挑选实习生或员工的时候，你看重哪些品质？

○ 一个孩子——不管是你自己的孩子还是别人的孩子——应该学会的最重要的东西是什么？

○ 领导者的哪些品质最重要？

（宏观2）人生目标法：只须关注前5件事

我们发现，给价值观排序并没有多少意义。但比价值观更具体的目标，则应该分出个优先次序。已故的企业家斯科特·丁斯莫尔（Scott Dinsmore）是一家名为"活出你的传奇"（Live Your Legend）的公司的创始人，该公司致力于帮助人们找到他们热爱的工作。

丁斯莫尔曾向人们讲过商业大亨沃伦·巴菲特（Warren Buffett）为他的朋友史蒂夫（Steve）提建议的故事。巴菲特让史蒂夫列出有生之年最想做的25件事，并圈出其中最重要的5件事。然后，两个人坐下来为被选中的5件事制订计划。结束后，巴菲特问："那么没被圈出的20件事呢？你打算怎么办？"

史蒂夫信心十足地回答："噢，虽然前5件事是重中之重，但其余20件事也很重要。我会在完成前5件事的间隙里，将它们一一落实。"

令史蒂夫意外的是，巴菲特突然变得严肃起来："不，你错了，史蒂夫。你没圈出来的每件事，都应该不惜一切代价去避免。无论如何，在你成功完成头5件事之前，列表上的其他选项都不应该占据你的注意力。"这个故事或许只是都市传说，但它的观点值得借鉴：分清主次和集中注意力很重要。通常，这种形式的主次划分不会颠覆你的生活或者挑战你的信仰，只会让你的重要愿望变得更清晰可见。

埃米莉列出了她的人生目标，并按轻重缓急做出了选择。她没想到的是，最后位列前3的目标分别是：（1）帮助他人追求梦想；（2）每年夏天和丈夫一起在海边待一个月；（3）为年轻女性出谋划策。对此，她总结道：

> 人生目标法对我的影响很大。一开始，我写下了很多有趣的事，在当时也是很重要的事。然而，最后的结果让我更清楚地看到了自己当下在做什么，以及对我来说真正重要的是什么。我知道不同目标的重要性有可能随着时间改变，尤其是生活给你出难题的时候。这样说来，每年做一次这个练习似乎是个不错的主意。

即学即用

1. 列出15～20种你想要的东西、想做的事、想成为的人，

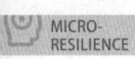

它们属于你的梦想人生——意义丰富且各方面都让你满意的人生。大胆描述理想生活是一件充满乐趣和刺激的事。

2. 圈出列表中的首要目标，也就是你最想要的东西、最想做的事或者最想成为的人，就算其他目标达不成，这个目标也一定要实现。

3. 按照同样的方法，选择第2个重要目标。如果还可以再实现一个目标，这究竟会是哪一个？

4. 继续用这个思路选择，直到选出你的前5个目标。依次出现的答案可能会带给你意想不到的惊喜。

（宏观3）口号的力量：用一句话描述自己

哈佛商学院的斯科特·斯努克（Scott Snook）和尼克·克雷格（Nick Craig）指出："企业领导者中，拥有强烈意志的不超过20%，能将意志提炼为一句具体的口号或宣言的就更少了。"

对于某个组织或机构而言，在一定时间内设计一条代表自身意志的简明宣言极为普遍。这类宣言在公司（或品牌）发展的过程中会发生变化，例如丰田（Toyota）的品牌宣言由"Moving Forward"（快速前进）改为"Let's go places"（让我们去任何地方），麦当劳（McDonald）的品牌宣言于2003年变更为"I'm lovin' it"（我就喜欢）。相较之下，个人宣言的挖掘和利用则十分少见。

求职的人或者正在想办法创业的人经常会用"电梯法则"[①]（Elevator Pitch）简要介绍自己的优势，但是，这种自我简介应该是长期有效的，而不是仅适用于当下。你的个人宣言应该随着你自身的变化而变化，因此在必要时进行检查和更新也很重要。

为了充分体现你的意志力，我们建议你用一句话说明自身存在的理由，即你在这个世界的使命。这句简单的口号或短小的宣言，必须具备你的独特风格，阐明你对世界的贡献，让你与其他人区分开来。鉴于此，这正好能解释人们为什么会向你求助，以及你的哪些做法受到了他人的尊重。

斯努克和克雷格曾在文章里提到，一家饮料公司的CEO为自己打造的意志宣言是"做一个拯救王国的武侠大师"。该宣言不仅反映了这位CEO对功夫电影的热爱，还反映了中国古代侠士的智慧与道义对他的启发。

回顾职业生涯，这位CEO发现，让他感觉最骄傲、最充实的事情就是采取行动，带领团队成功摆脱了高风险的困境。斯努克还帮助妻子凯瑟琳（Kathi）提炼出她的宣言："既做温柔的后盾，也做成功背后的鞭子。"凯瑟琳的宣言取材于她作为陆军上校和家庭主妇的经历，这也促使她竞选，并获得当地学校理事会的委员席位。

关于领导者的个人宣言，此处再多举几例：

[①] 用极具吸引力的方式，在短时间内阐述自己的观点。

- 成为首席园丁。
- 拥有想象力、激发想象力、提升想象力。
- 做真相的述说者，拆穿谎言。
- 冲向燃烧的房屋，让一切变得更好。

即使不了解这几个人的人生经历，你也会发现自己会被他们的魅力所吸引。单凭他们的宣言，你就知道他们都是独一无二的个体，能理解他们的能力和他们所看重的东西。同样，你自己的宣言也应该表明其"来源"以及你的使命。

埃米莉将自己的想法和回忆总结为一句简明精练的话："我的意志是发现并放大美好。"这句言简意赅的宣言成了埃米莉的基本原则，既体现了她的价值观，也对她的目标进行了提炼。换句话说，埃米莉找到了她的意志。

即学即用

1. 将过去你擅长的、喜欢做的、他人要求你做的事列成清单。它们可能发生在你的工作中，你参加志愿活动的时候，也可能与你在家人和朋友中扮演的角色有关。

2. 回答下列问题：

- 小时候，也就是在这个世界还没有告诉你应该喜欢什么、不应该喜欢什么的时候，你特别喜欢做的事情是什么？

○ 描述两段对你来说最具挑战性的经历，它们对你造成了什么样的影响？

○ 生活中哪些事物或经历能带给你快乐？

3. 根据提示 1 的清单和提示 2 中三个问题的答案来拟定你自己的意志宣言。你的初稿可能会因为充斥着专业语言和陈词滥调而显得晦涩难懂，但是无须担心，这只是个雏形，你可以将它提炼成对你更有意义的文字。使用简单的语言试试吧。

4. 选择对你来说具有意义的表达，尽管对于听者来说，它们不一定具有意义。尝试运用个性化的语言，以突出个人目标、幽默感和个人特点。

5. 在不同情景中，与非常了解你的人一起验证你的个人宣言。在他人看来，你的宣言应该与你本人相符。

6. 如果当前的个人宣言不适合你，那就更换。你应该适时对其进行审核，或许每次需要新的活力时，你就应该换一个宣言。

（微观 1）"试金石"：任何东西都能助你刻意练习

尽管埃米莉已经完成价值观探索、人生目标清单的罗列和个人宣言的打造，但我们的工作并未结束。她已经采取了值得称赞的宏

观措施,接下来,为了精神饱满地度过每一天,她还需运用微复原法则,将清晰的意志运用到日常生活中。我们建议她先进行"试金石"的设计,将个人的意志宣言具体化、形象化。

埃米莉对这个挑战颇感兴趣。她首先设计了一个标识:买来一个老式的放大镜(就是福尔摩斯用的那种),然后在一张纸上勾出镜片的轮廓,用漂亮的复古字体在中心写上"发现并放大美好"。接着,她把圆形标识剪下来,直接贴在放大镜的镜片上,如此一来,纸上的字就被放大了。最后,埃米莉将她的"试金石"放在床头,目的是每天早晚提醒自己应该以什么标准要求自己。她甚至还将这个"试金石"拍下来,用作电脑和手机的屏保图片,使其时刻都能出现在她眼前。

一张屏保图片和一个床头摆件,虽然看似普通,但对埃米莉来说,每次瞥向放大镜的镜片都能使她打起精神。当她感到焦虑难安时,它会提醒她集中精力,关注事物积极的一面;在她为某些事情担忧,且世界似乎也十分吝啬自己的善意时,它鼓励她利用自身的才能去帮助他人。

在现阶段,埃米莉的焦虑感在很大程度上来源于她对父母现状的担忧。她的父亲患有早期痴呆症(医学称阿尔茨海默病),她的母亲髋部受伤,目前仍在康复中,她需要马不停蹄地约见医生、进出医院,了解关于老年人护理的大量细节。看着父母承受年老的痛苦,埃米莉觉得非常难过。为了让父母高兴起来,她主动提出帮他们写圣诞节贺卡,这一直是他们家庆祝节日的重要方式。然而在电脑前坐下来之后,埃米莉又想:"我的家人正在遭受痛苦,这种时候,我该怎么表达节日的喜悦呢?"

埃米莉想起了自己的意志宣言,意识到她可以充当家人的放大镜。当透过镜片看到自己的宣言时,她明白自己有能力也有责任在父母的苦难生活中凿出一片光明。打起精神后,她描写了自己与父母一起经历过的特别时刻——那些让他们靠得更近的、幸福的时刻。而至于困境,她没有掩盖,而是选择了承认与感激。

> 我把在自己心里找到的一些喜悦传递给我们的收信人,激发他们的积极情绪,即使他们有可能和我们一样,正在经历不愉快的事情。

艾伦的"试金石"

艾伦时常回想他最喜欢的"试金石"练习。他曾在多家从事娱乐营销的中型高增长企业担任CEO,这些公司为各大电影制片厂和电视网络制作预告片、广告、海报、广告牌和各种材料。你曾见过的许多高人气作品都是由他负责的,包括《星球大战1》(*Star Wars Episode I*)、《狮子王》(*The Lion King*)、《人人都爱雷蒙德》(*Everybody Loves Raymond*)、《犯罪现场调查》(*CSI*)等。

艾伦发现,在好莱坞,你遇到的绝大多数人都与娱乐圈存在

着直接或间接的联系。整个洛杉矶县西部都充斥着"好莱坞的嗡嗡声"（Hollywood Buzz）：艾伦在一家餐厅里闲坐时，会听到旁边桌的客人在谈论上周的电影票房；在去给女儿买运动鞋的时候，他可能会与某制片厂老板不期而遇，而对方会趁机向他打听自己旗下最新大片的预告片制作进度；他去参加家长会，旁边可能坐着吉恩·西蒙斯（Gene Simmons）、休·海夫纳（Hugh Hefner）和朱迪·福斯特（Jodie Foster）。

好莱坞的浮华最初微不可察，但之后，它给艾伦带来窒息感，这种感觉随着时间的推移变得日益强烈。他的生活充满了竞争而非创作，然而，他当初来到阳光明媚的南加州时，并不是为了与人比拼竞争手段。

艾伦的意志宣言是，通过讲述极富感染力的故事，把快乐带给他人。无论是登台表演、指导影片、写书，还是将一部两小时的电影浓缩为一部两分钟的预告片，只要能用一种愉快而有趣的方式来呈现观点或故事，他就会感到满足。为了培养自己的意志，艾伦回忆起了他的热情的起源：迪士尼乐园。

艾伦10岁时，他的父母带着全家人外出度假。他们从圣迭戈出发，一路向北游览太平洋沿岸，最后抵达西雅图。在众多的风景名胜中，最吸引艾伦的景点是迪士尼乐园。艾伦每周日晚都会准时收看《华特·迪士尼的奇妙色彩世界》（*Walt Disney's Wonderful World of Color*），而当他终于来到这个令人心驰神往的魔法王国时，

第 6 章 | 意志力法则　发现并放大想做的事

艾伦感觉到了前所未有的激动。

他清楚地记得，自己在入园后的拱门处抬头看了一眼上方的牌匾（如今仍然装饰在入口通道处），那里写着改变了他命运的话："在这里，你将离开今日，进入一个昨日、明日和幻想的世界。"就在那一刻，他下定决心要为人们创造美妙的经历，而这就是他的意志。

因此，当好莱坞的氛围变得暧昧不明时，艾伦认为让意志重回正轨的最好办法，就是重返"试金石"所在地体验一番当时的心境。庆幸的是，从洛杉矶去迪士尼乐园是短途旅行，只需一天就够了。到达公园后，他从点燃他热情的拱门下走过，来到最喜欢的地方。他的面前有一张不大的铁艺长椅，正对马克·吐温号游船码头，也就是探险世界、边域世界和纽奥良广场交会的地方。

他坐在那里静静地看着行人，比如手牵手的家人、拿着冰激凌的小孩、拥吻的情侣等，他们来自不同的种族，拥有不同的国籍和文化背景，都在享受生命中的快乐时光。"我们要把快乐带给这些人。"他想。艾伦已经"朝圣"过许多次，而每一次都能带给他意志力充沛的感觉。

西尔维娅的"试金石"

另一个范例来自美国卫生部部长西尔维娅·马修斯·伯韦尔（Sylvia Mathews Burwell）。邦妮第一次见到西尔维娅，是她们都作为"罗德学者"①（Rhodes Scholars）在牛津大学学习期间。西尔维娅不仅是公职模范，还在多家重要的人道主义机构担任领导职位。作为比尔及梅琳达·盖茨基金会"全球发展计划"（Global Development Program）的主席和发起人，西尔维娅带领着一个致力于在世界范围内消除贫困的团队。

或许大多数人都以为比尔及梅琳达·盖茨基金会的科学家、慈善家和其他专家只不过是在堆积如山的提案中进行筛选，并向最值得资助的慈善项目提供大笔资金——就好像他们在组织一场全球性的选美大赛一样。

然而，实际情况比这复杂、可敬得多。比尔及梅琳达·盖茨基金会并非一味等待申请邮件的送达，它还开发了自己的项目，其中一部分需要与不同国家、大型学术研究机构和有重要影响力的私营企业合作。有时，西尔维娅和她的团队会陷入与这些强大企业合作的复杂性中，并很容易就忽视自己当初选择这份工作的出发点。

西尔维娅想了一个很简单的办法来提醒自己和团队时刻牢记意志。她在那间共商策略的会议室里挂了一大幅镶了外框的照片，照片里的非洲女孩虽然因为营养不良而身形消瘦，却带着温暖人心的笑容，让你看一眼便被她的纯净灵魂打动。

---

① 罗德奖学金是一个世界级的奖学金，有"全球本科生诺贝尔奖"的美誉，得奖者被称为"罗德学者"。

第 6 章 | 意志力法则　发现并放大想做的事

西尔维娅告诉她的专业团队，照片中的女孩是他们的新"领导"。此后，在每一场激烈讨论中，西尔维娅和团队成员总会停下来问："领导会怎么想？"每当看着照片里那双黑色的大眼睛，意识到那个脆弱的女孩要依靠他们的决定来改变未来时，他们通常会改变会议讨论的方向，促使团队加大力度抵抗所谓的政治现实。这一简单的"试金石"每天都在提醒他们，不要忘记选择这份工作的初衷。

即学即用

1. 单独使用或与团队一起使用头脑风暴法，用有形的、可见的形式来呈现那些对意志起巩固作用的抽象感觉和想法。

2. 选择可以瞬间感染、触动和启发你的具体标志或事物作为你的"试金石"，正如迪士尼乐园里快乐的游客就是艾伦的"试金石"。

3. 将反映"试金石"的图像贴在浴室的镜子上、汽车仪表盘上、水瓶上，或者其他你每天都会看到的东西上。

4. 将"试金石"用作电脑、手机的壁纸或屏保画面。

5. 每天挤出一部分时间，将注意力集中在你的"试金石"上。比如在健身房里、上下班途中，甚至是在牙医办公室外等候时。这种短暂的恢复，会带给你妙不可言的欣慰感和活力。

（微观 2）重排日程：每天几分钟，让精神更振奋

在我们见到的人中，彼得（Peter）属于最有上进心、最努力的那一类。他曾就读于哈佛商学院，成绩一直名列前茅，尚未毕业就已经找到了一份令人垂涎的顾问工作。他的妻子艾莎（Aisha）同样聪明过人，而且他们都有强烈的求知欲，为此，他们在家里堆放了各种各样的学术期刊和其他出版物。虽然彼得的耐力堪比1000马力柴油机，但他仍带着难题找到了我们。

他告诉我们，他既想追求远大的学术抱负，又渴望做个可靠体贴的丈夫，可问题是，他无法在两者之间找到平衡。尽管他此前已经学习了不少微复原课程的内容，也使用了记事清单，并划分了各种学术职责的优先顺序，但是他依旧找不到为婚姻提供情感支持的方法。彼得做每件事都会投入 110% 的精力，所以他担心自己永远无法在完成工作的同时，还有时间陪艾莎。

我们和彼得一起，从更讲究"意志"的视角分析了他日常生活的组成元素。不久之后，有趣的真相便浮出水面。以下是他的描述：

> 比如说我要写一篇论文，这对我来说并不是首要任务，因为我每门课都能拿高分，而且不管论文是否及格，我都会继续上这门课。我可以用 2 个小时完成一篇不错的论文，

或者用6个小时写一篇非常出色的论文。

这种情况下，我的直觉会说："噢，我想写一篇精彩的论文，让人拍案叫绝。"但是，现在我想的是："我可以用多出来的4个小时做更重要的事，不管是与学业有关的事，还是私事。"所以，我会在2个小时内尽我所能把论文写好，然后提交上去。

最初我感到有一丝愧疚，但我会告诉自己，我这样做有合理的原因：我可以花更多时间陪伴家人。如果你把注意力集中在这个事实上，那么时间安排上的转换就会让你更开心。虽然一开始会有失落感，但之后我转变了思维，开始关注我即将获得什么。

在生活中，很少有人会把大部分时间花在"以意志为中心"的事情上。但是，如果你可以重新分配一天里的几分钟或者一周里的几个小时，将它们从无趣的事务中抽离，用在具有激励性和吸引力的事情上，你就可以为你的生活注入极大的活力。仔细分析日程表上的任务，根据你的意志，如实地判断它们的相对重要性，这么做可以为你开拓惊人的物理空间和心理空间。

在经济学领域的研究中，学者将此类方法称为"成本效益分析"（cost-benefit analysis），但是他们很少将意志作为衡量标准。相比于通过做一件事来锻炼我们的意志力，做这件事的成本是高还是低?一旦我们凭借更深刻的见解调整日常事务的优先顺序,我们就能看到让我们的生活恢复活力而不是变得衰弱的机会。

即学即用

1. 查看你今天或接下来几天的日程表。哪些安排与你的意志最相符?哪些计划能为你提供精神养料?哪些又不能?

2. 删除一项与意志不相符的安排。就算只能让一周多出一两个小时,也是一个好的开始。

3. 下一周,再删除一项不能为你提供精神养料的安排。你也可以把这件事委托给其他人做。我们见过很多抓着乏味工作不放的人,哪怕这些工作让他们感到厌烦,而且可以由其他人来做——很多人为了帮助自己成长而急于承接项目。

4. 如果日程表上的计划都不能增强你的意志、激发你的热情,那么你可以增加哪些安排来达到这个目的?每天限定一段时间,用来做能使你振作精神的事情。

(微观3)心流法:绘制精力水平示意图

比尔·伯内特(Bill Burnett)在斯坦福著名的哈素·普拉特纳设计学院任教授,他所教授的方法与我们的重排日程法有相似之处,也能帮助人们,使他们的生活具有意义。不同的是,重排日程是帮助人们将更多时间分配给能贯彻意志的事情（减少其他任务所占的时间），他的方法则是帮助人们重新设计那些既无法缩短时长又不能删除的日程安排。

伯内特的方法是基于心流（flow）这一概念而来，后者由早期积极心理学倡导者米哈伊·奇克森米哈伊（Mihaly Csikszentmihalyi）提出。奇克森米哈伊注意到，在某些时候，人们可以进入一种与工作合而为一的状态，忘记时间的流逝，忘记吃饭，全神贯注地工作。他将这种投入称为"心流状态"（a state of flow）。

尽管奇克森米哈伊和其他学者是从心理学的角度研究这种状态，但在其他领域，"心流"已经被观察和讨论了几个世纪。从道教的"为无为"，到体育运动中的"zone 状态"，尽管说法不一，但都是对该状态的描述。

伯内特的建议是，将你在一周之内执行某些具体任务时的精力水平记录下来。你可以集中关注自己重复做的事情，也可以按照 -10 ~ 10 给你的精力水平标上数值，甚至可以将你进入心流状态的时间记录下来。

在一周将要结束时，绘制一幅精力水平示意图，这样你就可以看出哪些任务最吸引你。纵轴代表你的精力水平，各种任务则沿横轴排列。以纵轴中点为起点，从左向右画一条横线：代表精力水平的中点，说明你既不疲惫也不兴奋。可参考伯内特为他自己画的示意图（图 6-1）。

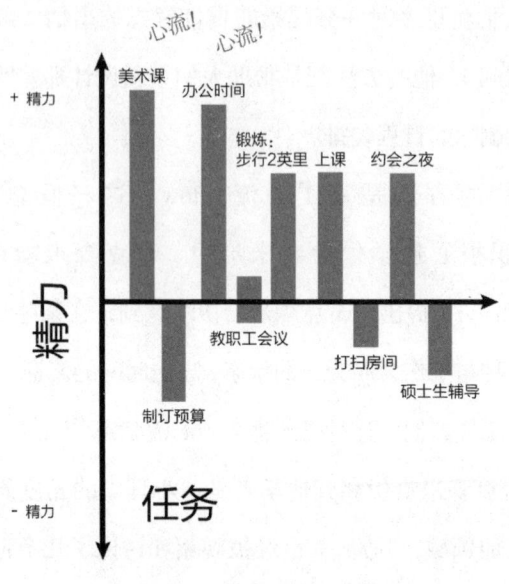

图 6-1　精力水平示意图

此图表之重印，已经威廉·伯内特（William Burnett）、戴夫·埃文斯（Dave Evans）同意。

然后，根据每项活动结束后你的精力水平，在中线以上或以下绘制相应的竖条形。如果你感觉疲劳，则将竖条形以中线为起点向下延伸。如果你感觉精力充沛，则将竖条形以中线为起点向上延伸。竖条形往上或往下延伸的长度，体现了各项任务的相对效果。图表不必特别严谨，将你的感觉用图表形式展现出来即可。

伯内特画好示意图后，惊讶地发现硕士生辅导课对他精力的消耗竟然占了一个比较大的比例，要知道这项工作是与他的意志相符的，也是值得做的。进一步思考后，他意识到原因在于课上总是发生分散注意力的事，导致他很难投入，而让情况更糟糕的是，他的学生总是倾向于利用课堂时间汇报每一个出错的地方。伯内特决定重新规划课程，改变上课环境和消极的讨论倾向。最终，他将消耗精力的讨论会变成了为生活增添乐趣的周会。

即学即用

1. 记录每周的心流状态，用图表展现生活中的主要活动对精力提升或消耗的情况。

2. 如果某项活动让精力水平下跌，思考一下，你是否可以重新策划这项活动，从而让自己更投入。我们有一个朋友，她把每个月的例行采购变成一场"花钱派对"，并和她丈夫一起庆祝。他们准备了马天尼酒，下载新出的专辑，制作特别的开胃小吃。于是，原本不愉快的事因为加入了她看重的元素——好音乐、特色食品、与丈夫之间的亲密感而变得愉快起来。修整苦役一般的任务，让它们与你的价值观保持一致，你可以做到吗？

小结　每个人的身体里都住着一个超人

还记得老电视剧《超人冒险》(*Adventures of Superman*)的开场白吗？"比飞出去的子弹还快，比火车头更有力，一个纵身就能跳上高楼！"其实，每个人的身体里都住着一个所向无敌的超人，那就是意志力。我们在运用这种力量的时候，都会因为惊叹于它创造出的可能性而自觉谦卑起来。

意志能提高企业的效益，比如冰激凌品牌本杰瑞就是受益者。意志也能推动重大的社会变革，比如它对"反酒驾母亲协会"(Mothers Against Drunk Driving)具有极大的影响。意志还具有一种神秘的力量，那就是增强我们的生命力，使之超出正常水平。科学也许无法解释具体是哪种机制促成了这一变化，但我们确定这种力量是可用的。

虽然我们着重讨论的是书里的研究，但我们还想提一点，那就是：对我们的意志起主导作用的是我们的信仰。信仰为我们提供方向、力量和价值观，而本章概述的宏观技巧和微观技巧则使我们的意志变得更加深刻。无论你属于哪一个信仰体系，在探索意志的过程中，这些技巧都可以促使你的内心感受和动机进一步建立联系。

对埃米莉来说，在运用意志力法则的过程中，她发现了自己的能力和才干，知道自己可以成为别人的灯塔。在埃米莉重振精神、坚定意志之后，周围的人渐渐注意到她的新目标对她的生活产生了连锁反应。她的一个好朋友是博士生，艰难的求学经历击碎了他的理想。但是，在和埃米莉相处一段时间之后，他说："我看到你的生活在发生一些改变，这给了我动力。我要做你正在做的事。"

不久，埃米莉报名参加了一个写作比赛并进入决赛，这是她以前绝对不会做的事。她的作品引起了一位公关行业的朋友的关注，后者表示想联系出版商为她出书。

此外，她还参加了另一个比赛，并赢得了一次专业拍照的机会。在拍照的过程中，摄影师拍出的一张近照不仅捕捉到了她的精明，更捕捉到了她的活力与喜悦。在某一次作家会议上，她宣传了自己的小说，并为可能达成的出版事宜兴奋不已。

> 我已经决定了，如果在会议上没能达成出版协议，那我就自费出版。不管是哪种方式，反正我知道我的第一本书将在今年面世。多年来，我一直把写好的小说束之高阁，而这一次我不再等待任何人的许可！

虽然我们没有一纵身就跳上高楼的体能，但有时候我们真的感觉自己可以做到！

7

SEVEN

MICRO-RESILIENCE

复原的力量

第 7 章
把微复原过成习惯

你见过、听过、吃过、闻到过、被告知、已忘记的一切，合在一起，就是你，一切都有迹可循。

——玛雅·安吉罗（Maya Angelou）

乔希的故事：
以不一样的节奏享受生活

> 大部分微复原技巧都很简单，你要做的就是把它们融入日常生活中，使之成为习惯。

我们这些对医疗体系一窍不通的人，往往对医生心怀敬畏，为了得到他们的建议，我们有时宁愿忍受尴尬和不便。候诊室里乱扔着过期的《时代周刊》(*Time*)，我们坐在里面，静静地看着时间一分一秒过去。在被领进检查室时，我们顺从地脱去衣服，踮起脚才能坐到铺了纸的检查床上。床的高度会给我们造成不便，于是我们就像坐在高脚儿童椅上的幼儿一样，将双脚悬在检查床的边缘。医生终于来了，我们还得站起来，然后再坐回去，躺下，翻身，只能完全听从指示，不能发出疑问和抱怨。

鉴于医生有能力修复受损的身体、预防灾祸、救人性命，所以，我们愿意服从他们的指示。我们把他们奉若神明，以为凡人的烦恼根本不会被他们放在眼里。但是，真是这样吗？

不尽然。

如今，医生不仅要承受财政和监管压力，还要承担行政工作，更不用说他们的工作事关生死了。这些责任让他们疲惫不堪，并渐渐产生了焦虑感。问一下乔希（Josh）你就知道了，他是一名37岁的全科医生。

> 我过的就是那种单调乏味的生活。我每天要为20～30个人看病，一个接一个，几乎完全没有间歇，就连我的午饭时间也都用来工作了。下班后，我通常只能买一些速食，在回家的路上狼吞虎咽。到了晚上，只要一沾上枕头，我就能即刻熟睡过去，而第二天醒来还得继续工作。
>
> 如此循环往复，我感到身心疲惫。即便是周末的时间，我也要用来赶工作日里没时间完成的任务。现实情况就是这样。
>
> 我正处在崩溃的边缘。每当特别累、特别无力的时候，每个病人都让我感到害怕。如果刚进来的病人说他受了伤，我就会忍不住想："天哪，他的伤口需要缝合。我根

本没时间,还有 4 个病人在候诊。"

我很讨厌日常工作被各种政策和程序所压制,但医学领域总是难免如此。迫于压力,我不得不加快看诊速度,哪怕是稍微向病人表示一下我的关心和同情,都不可能实现。另外,不要奢望自己还有时间填那些表格,周末之前,我的电脑里已经积累了上百份待填写的表格。别人都说"谢天谢地,今天周五了!"但是对于我来说,周末也是一样糟糕。

有时,在售票结束前一刻买张票,溜出去欣赏一场多姿多彩的百老汇音乐剧,可以让我暂时逃脱乏味的现实。这种与内疚交织的满足感是让我坚持下去的动力。

乔希感觉自己被禁锢住了。工作消耗了他的精力,他没有几个朋友,也找不到任何出路。虽然感到灰心,但是他并不想放弃自己的事业,因为这份工作能满足他多方面的需求。他无法想象其他的生活方式,这种不确定性让他深感不安,以致只能着眼于目前。甚至,他觉得自己根本没有其他选择。

但是随着对微复原的了解逐渐加深,乔希变得越来越乐观。专注领域法让他意识到,他没必要在收到每封邮件后都立刻查看里面的内容。他可以把每天的看诊时间划定为一个比较大的专注领域,在该领域内,他只需要把注意力集中在病人身上。

我的绝大部分工作都与邮件无关。但当诊所被一家国有大型企业收购之后，我们开始收到这些毫无意义的公司通告。公司领导斥责我们不遵守规章制度和流程，他们似乎每天都能立一个新的规矩。我几乎要被这些邮件逼疯了。

后来我意识到，那些都是不需要紧急处理的信息，所以当我有更重要的事情要做的时候，我就会暂停查收邮件。在忙得不可开交的时候，我完全无须理会他们发的东西。我现在轻松多了！

为了解决一听说有病人问诊，就担心得肾上腺素飙升的问题，乔希试着给自己的"坏想法"命名，并开始使用翻转法。当最坏的情况浮现在他脑海中时，他会迅速提醒自己这是"糟糕至极"的想法，并立刻翻转"剧本"，从医学角度进行更积极、更有建设性的推测。

改变并非自然而然发生，每次看到病人挂号，我的本能反应都是消极的。我必须花费一番功夫，才能转变自己的态度。感到不安时，我会使用命名法和翻转法……然后奏效了！我发现自己在对自己说："你知道吗？这意味着又一个有趣的人即将得到我的帮助。"

乔希接下来要解决的，是连续长时间工作导致的疲劳感。他改变了不吃午饭一直工作的习惯，开始执行每工作 2.5 小时就休息一次的计划。

在一整天里，我会在手机上设置好几个闹钟——无声模式，不会惊扰到病人。看见提醒画面，我就送走病人，休息 15 分钟。期间，我会喝点水，吃点自带的有营养的食物，听我专门收藏的能让人心情愉悦、充满活力的歌曲。我的生活真的和以前不一样了。一天的工作结束后，我有时间和精力与新认识的朋友一起参加活动，甚至还把一直以来只是在浪费钱的健身房会员卡利用了起来。

对每天的新陈代谢进行微观管理（平衡血糖），通过听自己最喜欢的音乐来提高积极性（快乐急救箱），这两个方法带来的效果完全超出乔希的预料，他根本不知道自己的精力可以如此充沛。

为了找到乔希的意志，我们必须揭晓他内心深处的想法。在完成宏观技巧的练习后，乔希告诉我们，他喜欢以医生的身份帮助他人，但即使这样，他仍然觉得从医抑制了他的创造力。每当他沉浸在精彩的百老汇演出中时，心中就难以抑制创作的冲动。

然而，同时拥有医生和剧作家这两个身份，在他看来简直是天方夜谭。他发现自己很难挥洒热情，投入创作。不过，我们向他保证，比起一个人既当医生又当剧作家，世界上还存在着许多更奇怪的事。他放在床头柜上的一本小册子里介绍了一个写作班，我们鼓励他报名参加。

我们还帮助乔希寻找可进行微观调整的地方，争取将两种职业结合起来。顺着这个思路，他发现自己的工作使他每天都能见到不同类型的人。这种多样性为他的戏剧创作提供了绝佳资源。现在，他会全面地看待每一个病人（哪怕是坏脾气的人），不只是将他们视为具有某种思想、体格、精神和病史的个体，也将他们看作个性独特、能生动地出现在舞台上的虚构角色。

现在，除了周末的写作课和晚上的写作时间，乔希还会在工作中磨炼自己塑造人物的能力。最重要的是，当某个病人不仅让他的医学知识和技能得到发挥，还激发了他的想象力时，他的心里就会涌出一阵窃喜。

乔希的法则

我们来梳理一下乔希用到的微复原法则：

○ 专注力法则——使用专注领域法，减少邮件造成的精力分散和愤怒。

○ 重置大脑法则——使用命名法，缓解因病人引发的焦虑感。

- 心态管理法则——使用翻转法，强化跟新来的病人有关的积极想法，与重置大脑法则的技巧相辅相成；启用快乐急救箱，定期播放百老汇音乐。
- 平衡调理法则——乔希将健康食物和水带到他工作的地方，通过健康饮食和经常补水，对新陈代谢进行微观管理；用手机设置闹钟，按时放松。
- 意志力法则——宏观技巧使乔希看清自己作为医者的意志，并鼓励他承认同时存在的创作愿望；(微观)重排日程帮助他将写作热情融入繁忙的看诊日程中。

每一个细微的改变都能使他精力满满，并促使他更好地去执行下一个。此外，微复原法则的使用还使他具备了改善宏复原问题的能力。现在，他会经常锻炼身体，他的饮食质量和睡眠质量也都得到了提升。他可以享受周末了，也有了交朋友的时间。综上所述，在贯彻五大法则的过程中做出的细微改变，能有效改善乔希的工作质量和个人生活质量。

将所有事物综合起来，我发现自己的生活发生了巨大的变化。现在，我能以不一样的方式、不一样的节奏来享受生活了。你相信吗？我现在可以一边看诊一边填表了。我想这和我现在的精力水平以及专注力水平有很大的关系。

我和病人仍然是一对一地进行交流，但我现在可以跟他们聊天、开玩笑、分享快乐，而且并不觉得累。看诊结束，我的工作也都完成了。如此一来，我的生活就像翻了个面，这是我经历过的最美好的事。

即学即用

1. 复习五大法则，找到你最大的痛点——你最想改变的现状。它是否包括精神上的不堪重负？情绪劫持？一触即发的消极反应？疲劳？意志缺失？使用记事清单和附录1，明确你最需要的是什么。

2. 选择一条法则作为起点，再选择该法则下你首先想试用的技巧。大部分人都不会使用一条法则下的所有技巧。根据你的需求，将技巧个性化。

3. 运用日历、手机或者应用程序，为你的每一项调整设置特别提醒。你越把这些技巧当作习惯，在急需运用它们应对危机时，就越能做到得心应手。

4. 按照相同的步骤，选择并落实第二条法则。

5. 针对你自认为做得很好的方面，选择第三条法则。比如，你平时可能比较注重吃有益于健康的食物和多喝水，但是在忙碌的时候，你还记得做这两件事吗？再比如，你可能觉得自己是一个意志坚定的人，但你的日程安排是否能体现你的意志呢？你的意志是否在不间断地为你补充精力呢?

6. 综合运用不同法则下的技巧。乔希就将短暂的休息时间和轻快的音乐结合起来，且贯彻了平衡调理法则和心态管理法则。

7. 让微复原法则牢牢扎根在你已经养成的习惯上，从而增大微复原的"黏性"。例如，早上淋浴前一刻，或者晚上即将召开电话会议时做有意识放松法里的深呼吸练习。用可以传达你意志的文字或图像，装饰你每天早上用来喝咖啡的杯子。

8. 别担心细微的调整会不起作用。斯坦福大学行为科学家布莱恩·福格（Brian Fogg）就对细微的改变赞不绝口，因为它们不会激发我们的抵触心理，这意味着实现它们并不需要强烈的动机。鉴于细微的改变就可以满足人们的需求，大多数人都相信，长此以往会有更大的改变。

9. 精确性也有助于维持微复原习惯。一个技巧若被反复运用于相同的情景中，且多次使用的方式和时长都相同，那它自然就会转变成一种自主活动。此后，它不再是由前额皮层控制的有意识活动，而是受基底核控制的自主功能。凭借精确性和重复性，将微复原法则扎根在你的潜意识里。没错，在其他情况下，改变的确可以令人快乐，但就微复原法则而言，变来变去只会降低坚持到底的可能性。

10. 邀请他人加入微复原过程。如果有家人、朋友、同事和你一起使用微复原法则，那么你就更有动力坚持下去。你甚至可以成立一个微复原小组，比如和朋友们一起组成书友会，或者组织同事间的午餐会。成员们可以定期聚一次，探讨这本书中的某个或某两个章节。除了小组以外，你也可以单选一人做你的"搭档"，之后每周通一次电话或者见一次面。

11. 访问我们的网站，并查看最新方法和线上课程，这有助于将微复原融入你的生活中。

贝丝的故事：承认自己需要接受帮助

有时候，课程参与者对微复原课程的吸收十分彻底，以至于可以做到运用自如。一些参与者取得的效果远超我们的想象。贝丝（Beth）就是其中之一，她在一家靠近费城的大型非营利机构里担任养老基金经理。

典型的金融界女强人、雄心勃勃地想成为职场竞争中的佼佼者，这是贝丝留给我们的第一印象。

> 我过去是一个会把每一秒钟都利用起来的人。为避免在22号公路上遭遇堵车，我的出门时间通常不会太晚；知道某个路段在某个时间会堵得特别厉害，我会选择绕道。我甚至会考虑自己多晚睡觉，以及洗澡要花多长时间。如果星巴克排队的人很多，我就会去唐恩都乐买咖啡。

> 工作时我也如此匆匆，争分夺秒。所以一天结束时，我总是累得像摊泥。

贝丝请我们帮助她寻找更健康的生活方式，她希望微复原能让她……轻松一点。她一报名参加入门课程，就立刻投入所有法则的学习中，她如饥似渴地阅读有关资料，满怀激情，就和她做其他任何事情时一样。

然而，在一次电话辅导过程中，一听见她的声音，我们便意识到她身上一定发生了什么变故。她言辞中激昂的情绪和旺盛的精力都消失了，代之以镇定而带有内省意味的声音。贝丝刚刚经历了一个痛苦的时刻，她被诊断患有侵袭性和扩散性的乳腺癌。尽管努力不去想这件事，她却仍暗自感到害怕。她觉得自己的生活已变得面目全非。

> 我走进医生办公室，笃信不会有任何问题。我向来不是个疑病症患者，所以我真的没有把这次诊断放在心上。偶尔，我会想"如果……我会怎么样"，但这种想法很快就会被我否定。
>
> 医生说活体组织检查只是一种预防措施，我很可能什么事都没有。所以，我想象医生笑着告诉我，我的肿块只是一个囊肿——纯属正常生长、完全无害。可突然之间，

我来到一个冷冰冰的、毫无生气的房间,坐在一把十分不舒适的绿色塑料椅上,从头到脚血色褪尽。我被告知得了癌症,也许很快就要死了。

无论如何,对于我来说,可以预见的未来都将是一件折磨人的事情。

在接下来的几周时间里,贝丝走过了伊丽莎白·库伯勒·罗斯(Elisabeth Kübler-Ross)提出的"哀伤的五个阶段"(否认、愤怒、讨价还价、消沉、接受),然后制定了一个应对困境的方案。看起来没完没了的诊断、治疗、失败和继续治疗原本极有可能令贝丝陷入越来越深的绝望,但在接受身体治疗的过程中,贝丝决定同时使用微复原进行态度治疗——保持积极性、集中注意力、做……原来的贝丝。

在得知诊断结果之前,我认为微复原能帮助我更好地平衡工作与生活,让我继续为家庭、信仰和事业付出。但我现在使用微复原的目的,就是把自己照顾好,别被疾病击垮。整件事发生得很突然,彻底改变了我的生活方式,但我坚决不让它改变"我"。接下来,我要回答的问题是:"忍受并成为真正的强者是什么意思?"这就需要微复原发挥作用了。

为了配合化疗和其他治疗，贝丝不得不删减工作安排，她想让缩短的工作时间得到更高效的利用。为了达到这个目的，她制订了"癌后生活每日计划"。第一个步骤包括重新规划日程，保证她可以更从容地度过每一天，因此，争分夺秒的生活方式将成为过去。为了督促自己遵守新日程，贝丝在手机上设了闹钟。每次闹钟响起，屏幕上显示的巧妙的文字提醒都能让她会心一笑。

贝丝的每日计划大致是这样的：

○ 7:00:"专属时间"。躺在床上享受短暂的宁静，然后放松，唤醒身体和思维。

○ 7:15:"惬意瑜伽"。先用15分钟舒展身体，然后洗澡，吃一顿营养均衡的早餐。

○ 8:30:"正念通勤"。利用开车时间为一天做准备，集中注意力。

○ 10:00、13:00、15:05:"快乐补水"。一整天都要注意补水——在高压以及需要高阶思维和判断力时，加大补水频率。

○ 12:30:"补充能量"。吃一顿绿色健康午餐，不能省略任何一顿饭。

○ 15:00:"再次补充能量"。吃一点低糖点心，提高能量水平。

- 17：30："家是享受爱的地方"。收拾东西，离开工作地点，不要逗留。17：30时，你应该在路上。你已经工作了足够长的时间，可以回家啦！
- 18：00："走马观花"。欣赏高速路上的风光，在宾夕法尼亚州的玉米田之间穿行。
- 19：30："向得到的一切表达感激"。享用一顿营养晚餐，不要吃得太晚。
- 21：30："慢下来"。摒弃夜猫子的作息习惯，做睡前准备，安排时间做祷告和冥思。
- 22：00："夜间修复"。上床，释放压力，想开心的事，准备做个好梦。

虽然这份细致的日程不会对每个人都适用，但它体现了一条通用原则：通过一些小事情，时刻关注自己的思维和身体。

贝丝要适应的另一个重要事实，就是她必须做一个"需要接受帮助"的人，这是她不想独自应对的挑战。她当然希望得到亲密朋友和家人的支持，除此之外，她还决定建立更大的朋友圈，并从中获取援助和鼓励。

她注册了Facebook账号，取名为"贝丝的乳腺癌斗士"，不久，她的联系人就超过了100个，包括一些和她一样的癌症患者，以及大部分想帮助她的正常人，他们都为她提供了各种各样的支持。

在这群人里,有一个会在贝丝住院治疗期间帮她遛狗的保姆;一个在贝丝疲倦或虚弱时,为她做饭跑腿的人;还有一个总能在电话上把她逗笑的人。

> 我一直都想做帮助他人的人,所以,我难以接受自己变成了弱者,也不愿承认自己不能独自应付生活。但是,朋友们会因为能帮到我而露出欢喜的表情,这使我的意志宣言变得更坚定了:我要建立一个人们可以互相依靠的团体。

我们发现,愿意接受他人帮助的人,通常都会获得好运。譬如,在我们的课程参与者中,有一位女士的丈夫是美国陆军预备役部队(US Army Reserve)成员。当丈夫应召前往伊拉克时,她突然意识到,自己不仅要做全职工作,还得独自照顾两个孩子。

于是,周围的邻居自发组织了一个志愿小组,希望每周帮她和她的孩子做饭。起初,她认为自己受到了冒犯。"他们认为我照顾不了孩子吗?"她想。但是,由于邻居们的坚持,她最终还是接受了对方的好意。

在看到邻居们因为帮到她而欢欣不已时,她顿时恍然大悟:她的丈夫在为国效力,如果她拒绝邻居的好意,那就相当于不给他们履行爱国义务的机会呀!他们希望能做点什么来感谢她丈夫的付出,不管是多微不足道的事。

现在，贝丝的病情已经有所缓解。她因接受了双侧乳房切除手术、长期化疗和其他治疗手术而痊愈，并且她和她的斗士们仍然以坚强而快乐的心态面对生活。

如果可以选择，我不会让自己患上疾病，但是，在和你们一起重新认识这个诊断结果的过程中，我解决了人生中的许多难题。患癌是一个令人挺匪夷所思的坏消息，但是我很感谢它出现了。

🧠 小结　找回最真实的样子

在进行集体辅导时，我们通常每周或每两周组织 6 场线上讨论会。在第一场讨论会上，我们介绍了五大法则及其技巧。随着课程的深入开展，每个人都开始制订自己的日常计划——先试用一周，再随着课程的推进做进一步的完善。参与者可以在讨论组内分享自己的想法，寻求建议，再进行细微的调整，最终形成自己的激活方案。

大部分微复原法则都很简单，只要接受 5 分钟的指导，就连小孩子也能融会贯通。尽管这些技巧快速、简单、有效，但要把它们融入日常生活中，使之成为习惯，则要困难得多。就连我们自己在最初开发课程的时候也无法完全自如地运用这些技巧。我们能理智地认识到它们的功效，也能享受它们带来的结果，但一忙起来，我们很容易分散注意力，忘记去落实这些细小的调整。

还记得上一次升级电脑系统吗？也许更换键盘操作方式、适应新的屏幕布局让你觉得恼火，可一旦掌握了操作要领，你就能看到升级带来的便利，甚至会忘记之前还用过另一个系统。

微复原也一样：执行日常计划，将其视为对人体操作系统的一次升级。你或许觉得在手机上设置好几个提醒,或者约朋友喝咖啡都是麻烦事儿,但是久而久之,你投入的时间都会得到可观的回报:脑力、精力水平得到明显提升,找到自己的最佳状态。其中一位课程参与者对该过程做了如下描述:

> 微复原是一个真实的转变过程。综合运用的效果比分开使用更好。很多其他课程都想把你的生活改造得很高尚,想纠正你,或者把你变成另一个人。微复原却能帮助我找到本来的、真实的我。它引导我始终将真实的自我放在首位,并使其成为一种习惯、一种日常、一种生活要素。
>
> 想象一只浑身裹满泥浆的动物,当它身上的脏污被洗净时,人们会觉得眼前一亮。它会动、会生活、会爱、健康,它虽然不一定比原来漂亮多少,却更接近它的本来面目。做真实的自己,有多了不起呢?我认为这是我们所有人都想成为的样子。

我们也这么认为。

MICRO-RESILIENCE 后记

世界上最难的事,就是变得"更像自己"

当我们展望未来时,我们梦想有一天,全世界都在运用微复原。想象一下,以后只有少数跨国公司会利用恐惧心理来对员工进行压榨;相反,企业将创造一种以积极、活力和意志为动力的新文化,将微复原与高效工作结合起来。

再试着想象一下,政客与选民将极少被"糟糕至极"的心理所操控,因为这种心理会遮挡他们的视野,弱化他们的合作能力,诱使他们怀疑那些看起来与他们自身不同的人。

在未来,领导者做重要决定时,将会多动用前额皮层而不是杏仁核。我们可以用"积极的A型组织文化"代替"A型组织文化",虽然两者强调的工作时长和工作目标一样,但前者的效率更高,因此产出也更大。我们在书中分享的研究表明,除了投入时间和努力以外,你还可以借助微复原发挥更大的优势,并获得

成功，赢得竞争……或者更大的胜利。我们期望微复原成为未来世界的竞争优势。

我们探索微复原的第一步，是通过搜寻不同学科的研究结果来寻找一些简单的技巧，并在为领导者和组织里的工作人员提供服务时，用这些技巧缓解他们身体、思想和精神的疲劳。这些简单的技巧当然能够解决疲劳问题，但我们在后面的研究中还发现，我们做出的每一个微小调整都利用了人类大脑最高级的功能。过去几百年的发展彻底改变了人类的生活方式。

从历史角度看，所有物种都通过进化来适应新环境，但是进化的速度远没有快到能及时更新我们的大脑结构，或者改变我们的原始生理反应，以满足现代社会的需求——尤其是在我们迈往下一个千年之际。

尽管如此，凭借知识、意识和一系列小举措，即使进化速度跟不上现代生活节奏，我们也能对自己进行重塑。我们可以集中精力，滋养神经系统中的发达部分，控制原始蜥蜴脑，发挥积极性和意志力的作用，为高级的、建设性的行为提供支持。

微复原是对人体操作系统的升级。参加个案调查的人表示，微复原不仅让他们"心情更好"或者"更好地工作"，更重要的是，还让他们"更像自己"，并且实现了整体生活质量的提升。

在进一步了解微复原课程的影响力之后，我们拓宽了其适用范围。除了企业管理者以外，我们还与全球非营利组织的领导者建立合作。我们将复原培训提供给以下对象：为受监禁影响的家庭提供支持的人、致力于为全球女性争取权利的人、努力改善贫困地区居民健康状况的人等。

试想一下，一些过度劳作、领取过低工资的人在得到如乔希、埃米莉或普里亚在本书中所描述的那些帮助时，仍然能为建设一个更美好的世界继续奋斗，并将这些成效分享给同样努力工作的其他团队成员，那将是一件多么美好的事。

现在，我们正与一个大型医疗机构一起研发课程，研究微复原在把医疗工作者的生活变得更愉快时，是否也能改善病人的病情。此外，我们还与一个课外活动项目达成合作，借此观察微复原可以给下一代的学习和成长提供哪些帮助。在解决当今社会最棘手的一些问题时，微复原的确能使我们的尝试更有效。

我们创造了"微复原"这个词语，通过搜集研究报告来阐释它的作用，并对我们的指导方式进行了细致的调整。为了能进入我们梦想中那个升了级的、复原力更强的世界，我们需要把微复原传播出去。如果有其他人写关于这方面的文章，带头开展原创性研究，将信息传播出去，对于我们来说就是最大的嘉奖。

在这个价值就是一切的世界里，微复原或许可以令我们活得更有意义。

如果你想加入我们，请将微复原分享给你所属的团体，或者你甚至可以成为一名合格的传授者。

致 谢

本书是团队协作的成果。我们的成书过程前后加起来有7年之久，在提笔之前很长的一段时间里，我们就已经开始酝酿了。课程开发过程分为几个阶段，包括研究阶段、概念设计阶段、首次推出阶段、影响力评估阶段、进一步的创新阶段和详细案例研究的编写阶段。你在本书中看到的大量素材，大多来自各行各业不同类型的人，我们非常感谢他们。

在成书的早期阶段，琼·博里森科博士为我们提供了建议和支持，她的重要研究，以及她的热情和坚毅为我们（和其他许多人）铺设了道路。通过琼的介绍，我们认识了简·莱塞曼博士（Dr. Jane Leserman），在我们测试微复原对大型组织团队的影响时，简为我们提供了设计和数据采集方面的指导，并针对书中的科学内容提出了意见。

教学设计专家卡罗尔·德利西（Carol Delisi）在两个关键时刻伸出了援手，先后帮助我们设计了教授微复原的方法，强化了课程的整体结构。我们在这一课程上取得的每一项进展都受益于她的贡献。

达尼娅·卡姆兰·莫利（Daniya Kamran-Morley）与我们并肩作战超过一年时间，参与了本书每一部分内容的完善。达尼娅承担了与课程参与者有关的所有协调工作，包括登记、后续访谈，以及对大量数据的整理，书中的某些地方还穿插了她的文字。在各个方面，她的过人才智为我们树立了更高的标准，督促我们必须拿出更优秀的作品。

当我们决定创建线上课程，把微复原的教学、训练和技术支持传播给更广大的受众时，我们请教了技术专家、企业家、投资者，这个令人艳羡的智囊团的成员包括珍妮弗·米特连加（Jennifer Mitrenga）、阿妮西·巴尔马（Aneesh Varma）、拉伊·戴特（Raj Date）、马克·弗洛伊德（Mark Floyd）、格雷格·布罗克韦（Gregg Brockaway）、卡特·乌特希特（Kat Utecht）、拉米特·舒拉（Rameet Chawla）、史蒂夫·克莱因（Steve Klein）、伊雷姆·梅尔托尔（Irem Mertol）、德夫林·卡尔松·史密斯（Devrin Carlson-Smith）、约翰·克林（John Chrin）、玛丽亚·克林（Maria Chrin）、莉萨·库克博士（Dr. Lisa Cook）、丹尼斯·波义耳（Dennis Boyle）、文森特·布朗（Vincent Brown）、珍妮特·里德博士（Dr. Janet Reid）、克里斯廷·马伦（Kristine Mullen）、萨拉·雅各布森（Sarah Jacobson）、米尔顿·霍华德（Milton Howard）。感谢他们贡献出

致 谢

宝贵的时间和杰出的智慧,他们不只是为我们的项目做出了贡献,也为世界做出了贡献。

我们还要将诚挚的感谢献给线上训练项目团队,他们让我们的想法变成了现实,他们是布鲁克·谢普克(Brooke Schepker)、明·扬(Ming Yang)、威尔·琼斯(Will Jones)、埃米莉·明纳(Emily Minner)、亚当·库恩(Adam Kuhn)、迈克·塞多里斯(Mike Saddoris)、伊尔玛·罗德拉(Irma Rodela)、威廉·瑞安博士(Dr. William Ryan)、艾吉塔·威斯纳(Edyta Wiesner)、奥马尔·古茨曼(Omar Guzman)、查理·奈曼(Charlie Neiman)、我们的社交媒体大师乔伊·布兰奇(Joi Branch)和市场营销专员特鲁迪·门克(Trudy Menke)。

我们想向微复原课程的全体参与者表达深深的谢意,感谢他们容许我们跟进情况,感谢他们帮助我们完成个案研究。在向我们描述自己的生活、心情和思想时,他们比我们期待的更加直率。虽然本书没有把所有人的故事都呈现出来,但是他们每一个人独有的智慧都让我们受益匪浅。

我们真诚地感谢美国卫生部部长西尔维娅·马修斯·伯韦尔和参议员柯尔斯滕·吉利布兰德,她们讲述的特别故事从全球视角上阐明了微复原理念的影响力。

对于每一个作者来说,强有力的、详细的反馈意见就是最珍贵的馈赠。针对书中涉及大脑研究的内容,来自纽约大学神经科学

 复原的力量

中心的温蒂·铃木教授给我们提出了十分重要的意见。参与早期测试的朋友和伙伴也给我们提供了大量评价和反馈，特别是德布拉·克拉里博士（Dr. Debra Clary）、温蒂·多德（Wendy Dowd）、A. J. 哈伯德（A. J. Hubbard）、莉萨·卢埃林（Lisa Lewellen）、约翰·布朗（John Brown）和科里·布莱基（Corey Blakey）。我们的好朋友苏珊·谢尔曼（Susanne Scherman）和大卫·波尔斯基博士（Dr. David Polsky）也阅读了书稿，并在形式、结构和内容方面给出了深刻见解。

其他的重要团队成员还包括优秀的阿歇特出版集团编辑阿德里安娜·英格拉姆（Adrienne Ingrum），她是我们的文学教练，不断鞭策我们，让我们变得更好。芭芭拉·克拉克（Barbara Clark）在后期加入我们，为本书最后的修改和编校做了大量工作，让本书顺利收尾。我们的代理人理查德·派因（Richard Pine）更是全程陪伴着我们，为我们提供建议、支持和鼓励。

到目前为止，我们已经与罗尔夫·塞特斯滕（Rolf Zettersten）、帕齐·琼斯（Patsy Jones）、拉伊尼·布朗（Laini Brown）、凯蒂·康纳斯（Katie Conners）和阿歇特出版集团的其他成员合作完成了4本书，每一次，他们都能帮助我们踏上一个新高度。我们知道，在图书出版界，这种长时间的合作关系少见而且宝贵，感谢阿歇特出版集团一直以来为我们提供最好的环境，让我们能够完成最好的作品。

如果没有值得信赖的"参谋"埃米莉·哈尔珀（Emily Halper），我们可能什么都完成不了。她除了管理我们的写作时间，还帮助我们处理复杂的人际关系，使我们在整个书写过程中保持理智。正因有她的帮助，我们的书稿才能顺利收尾。

衷心感谢我们的3个女儿，达西（Darcy）、凯瑟琳（Katharine）和埃拉，她们不仅能认真地倾听我们的想法，忍受只顾埋头写书的我们和寂寥的漫漫长夜，还能用安慰、尊重和最珍贵的爱来支持我们。

最后，我们感谢上帝，他是不竭的源泉，赐予了我们坚强、勇气、毅力和复原力。

MICRO-RESILIENCE 附录 1

微复原清单：你最想解决哪些问题？

专注力法则

_____ 我的待办清单永远不会缩短。

_____ 我经常感觉到思维疲劳。

_____ 我对脑力的需求不断上升。

_____ 因为被打断，我浪费了很多时间。

重置大脑法则

_____ 我把还没有发生的事想象得"糟糕至极"。

_____ 我反对改变。

_____ 与人发生冲突让我觉得很累。

_____ 我因为突然变更的最后期限而愤怒。

心态管理法则

____ 我无法改变自己的消极倾向。

____ 工作中存在棘手的人事问题。

____ 不顺心的一天结束后,消极情绪仍在持续。

____ 我想变得更自信。

平衡调理法则

____ 我的出行日程很满。

____ 一整天都是精疲力竭的感觉。

____ 工作太忙,我没时间吃饭。

____ 图方便吃垃圾食品。

意志力法则

____ 我似乎不能平衡生活与工作。

____ 我不知道自己的努力是否值得。

____ 我觉得自己缺乏创造力,似乎正在丧失热情。

____ 我想从生活和工作中得到更大的收获。

MICRO-
RESILIENCE 附录 2

激活高效能的实用指南

专注力法则

1. 设定专注领域

　　研究结果表明，大多数一心多用的情况都会损耗精力，降低效率，从而削弱准确性、创造力和工作质量。通常情况下，办公室里有很多分散注意力的因素：邮件、同事的对话、突发事件等。我们可以用下列方式应对这个情况：

○ 选定一个独立空间，一个其他人无法打扰你的领域。
○ 使用视觉信号，让同事知道你正在专心做某事，不想被打扰。

○ 把你的底线告知他人。

○ 在日历上画出你的专注领域，每次只专注于一件事——不接/打电话、不收/发邮件、不与外界联系。

○ 使用应用程序和插件取消或屏蔽邮件、信息和电话提示音；大部分程序都可以保证他人在紧急情况下联系到你。

2. 巧用思维导图

通过卸载尽可能多的信息，将大脑容量最大化。用纸、白板和便笺本做笔记或者画图，绘出你的思路。不要等到出现复杂问题时才使用这个方法，尽早把它变成习惯。

○ 在会议或谈话过程中，画气泡框来描述想法、做笔记。

○ 将笔记和气泡框放在其他人可以看到的位置。

○ 随身携带一个小笔记本。

○ 用手机把想法气泡框和白板上的笔记拍下来，保存在一个指定的文件夹内。

3. 消解决策疲劳

我们每天要做许多决策，决策质量会随着时间的流逝而迅速下降。通过改变决策时机，我们可以按照决策的重要性对认知资源进行分配。另外，我们还可以减少决策数量，从而避免将珍贵的脑力浪费在不重要的事情上。上述方法可以减少焦虑情绪，使我们做出理智、高效的决定。

○ 首先完成一天中最重要的决策。
○ 减少注意力不集中和疲劳状态下的决策数量。
○ 通过简化日常活动，整体减少决策数量。
○ 利用记事清单处理重复性的任务，比如打包行李和购买杂货。

4. 运动改善思维

活动身体使大脑更敏捷，与久坐不动时相比，你的创造力和记忆力都会有所提升。研究表明，哪怕只是5分钟的步行，也能激发灵感；跳舞20分钟能增强脑力，且效果可持续数个小时。

○ 当你需要大脑处于最佳工作状态时（比如当天有演讲、要写提案或主持重要会议），提前锻炼，以刺激你的血液循环、内啡肽和创造力。

○ 切勿过度锻炼：锻炼到筋疲力尽的程度，或者连续锻炼 60 分钟以上会分散你的脑力。

○ 确定一套你可以在办公桌前做的运动量小的动作。例如：

- **转动双肩**：向前转动双肩 3~5 次，然后向后转动同样多的次数。
- **抬脚尖**：脚跟贴地，用力向上抬起脚尖，至少保持 30 秒。站立时也可以做该动作。
- **颈部拉伸**：向右偏头，让右耳贴近右肩，再用右手扶着头轻轻往下压，保持 10 秒。放松，换方向重复动作。
- **扩胸**：坐在椅子边缘，双手往后伸，抓住椅背，吸气让胸膛鼓起来，背部拉伸。可以的话，头微微往后仰，拉伸颈部。反复呼吸，保持姿势 30 秒以上。

○ 舍弃会议室，在办公园区或者楼层周围边走边开会。

重置大脑法则

1. 给"坏想法"命名

我们一直认为，对感觉进行描述有助于预防负面情绪超载。最近的功能性磁共振成像研究表明，给强烈情绪进行命名的确会减少原始的杏仁核劫持反应，增加前额皮层的活动。前额皮层是"高级的"大脑结构，控制大脑的执行功能。对自己说"我在生气"或者"我感觉到了威胁"，有助于控制应激反应。

- 当情绪如汹涌的潮水，要卷着你偏离正轨时，停止行动，记住你当下的感受。你可以在会议中、发言前或者同事挑衅时这么做。
- 切记！你可以选择情绪。面对无礼的同事，你可以生气，也可以表示同情；你可以无视对方，也可以一笑置之。
- 为消极情绪贴上一个积极的新名称。如果做报告让你紧张不安，你可以将这种焦虑感命名为"激动"或者"非常在意"。
- 当你在驾驶过程中出现了消极情绪，如果可以的话，远离让你变悲观的环境。不过，有时候将生气、悲伤或害怕适当地表达出来也很重要，你也可以选择继续坐在驾驶座上。

2. 有意识放松法

这种方法能结束惯常的肌肉紧张导致的精力损耗。有意识放松可以解除自主反应（已经准备就绪的应激反应），让头脑和身体得到放松，再次充满活力。

○腹式深呼吸。步骤如下：

- 坐下：双脚贴地，保证你的坐姿让你觉得舒适。
- 集中注意力：将一只手放在腹部，贴着肚脐所在的位置。
- 呼气：长叹一口气，将身体里的空气都吐出来，放松。
- 吸气：吸进空气的时候，让肚子鼓起来，将你的手往外推。
- 重复：再做几次缓慢的呼气和吸气。将所有呼吸运动集中在腹部，肩膀和胸膛同时保持放松。

○做深呼吸的同时，有意识地放松肌肉。例如：

- **放松肩膀**：第一次呼吸，在呼气时放松肩膀。
- **顺应重力**：下一次呼吸时，顺应重力进一步放松肩膀。
- **将注意力集中在个别肌肉上**：按照类似头、脖子、手臂、大腿、脚尖的顺序，重复上一步骤，让紧张感向地面转移，最后从脚尖释放。
- **呼吸收尾**：再一次吸气、呼气，感受自己的放松。

○加入积极想法，比如感恩或者被爱的感觉，进一步解除"战斗或逃跑"的连锁应激反应。

3. 感官法

利用"气味和声音"来重置大脑。由于你的嗅觉影响着你的深层边缘系统，所以你可以利用嗅觉缓和紧张形势。肉桂、香草、肉豆蔻和薰衣草的效果已经被证实能起到阻断杏仁核劫持的作用，钟声或熟悉的歌曲也有着相同的效果。

○ 在桌上放置有香气的物品，比如肉桂味口香糖、薄荷糖、护肤乳液和草药茶。

○ 通过实验，找到最适合你的气味和声音：迷迭香口味的爆米花、滴在掌心的精油、年少时听过的某首歌曲。

○ 用回荡的钟声、欢快的音乐或者鲜花为会议制造积极的开场气氛。

○ 留意自己的同事中是否有人对香水和花粉过敏。

4. 力量姿势

研究表明，采用"力量姿势"（双手展开的、占空间较大的姿势），可使你的皮质醇水平明显下降，睾丸素水平明显上升，从而缓解你的恐惧感，让你更愿意迎接挑战。在可预见的压力场合，比如演讲或做报告之前、同事失礼时、被客户告知坏消息时，用力量姿势消除身体自然产生的紧张反应。

○ 坐下来，把双脚架在桌子上，双手枕在脑后。是否感觉更放松、更有把握了？

○ 分开双腿站立，双手叉腰。是否觉得自己更强大了？

○ 坐下来，双手放在大腿上，耸肩，低头。是否感觉到了退缩和躲避？

○ 在 YouTube 或 TED 官网上搜索心理学家埃米·卡迪的演讲视频，主题为"肢体语言在塑造你"（Your Body Language Shapes Who You Are）。

心态管理法则

1. 快乐急救箱

为了应付无法预见又防不胜防的刀伤、摔伤，我们会在家里准备一个医用急救箱。同样，我们可以创造一个"快乐急救箱"，让自己迅速摆脱悲观，恢复积极性、感恩心和创造力。

○ 列举能激发你愉悦感的物品——照片、礼物、纪念品、音乐等。

○ 将列举出的物品装在一个袋子或盒子里，放在你的办公桌上。情绪低落时，取出其中一两样物品，把注意力放在上面，迅速转换情绪。

○ 在电脑或手机里创建一个电子急救箱，收藏让你感觉愉快的文章、歌曲、照片、感谢信或者其他东西。

○ 为自己寻找一个伙伴，这个人知道你的快乐急救箱在哪儿，会在你需要急救箱时提醒你，因为有时候你可能意识不到自己需要"急救"。

○ 为你关心的人制作一个"起步"急救箱，对方可自行往里面添加物品，将急救箱个性化。

2.ABCDE 理论

A= 逆境或诱发性事件

B= 你对逆境或诱发性事件的看法

C= 你的看法导致的结果

D= 质疑你自己的看法

E= 对新看法的强化

○ 使用 ABCDE 理论之前，先练习有意识放松。在转变心态之前，你需要缓解强烈的情绪。

○ 与一个能帮你找到不同视角的人商议。

○ 要对你自己和转变过程有耐心，这是一件需要花时间来完成的事情。

○ 只有当你真的想改变自己的看法时，ABCDE 理论才会起作用。

3. 翻转法

面对困境，你可以使用翻转法激发新的、有创意的想法，将消极态度扭转为积极态度。

○ 在 76.2mm×127mm 索引卡上写下你正面临的困境或阻碍。
○ 在卡片反面用陈述句写上相反的情况，就像叙述事实一样。
○ 在反面描述的基础上，形成新的看法。
○ 邀请朋友或团队参与讨论。一旦对原先的看法产生怀疑，你就会为自己找到新的可能而惊喜。

4. 从 PPP 到 CCC

悲观主义者认为消极形势是永久的、普遍的、个人的；乐观主义者认为消极形势为自己提供了挑战和选择，是重新做决定的机会。一旦关注困难所带来的挑战和自己所拥有的选择，我们就不会再被无助感和愤怒感支配；相反，我们可以调动更多的积极能量。"你真正下定决心要做的是什么？"这个问题强调的是你渴望的结果和与之相关的价值观。

○ 完成第93页的小测试，判断你处于乐观主义和悲观主义之间的哪个位置。
○ 试着内化发生的好事，而不是坏事。
○ 面对消极形势，问自己：

- 要应对的挑战是什么？
- 我有哪些选择？
- 我决心做什么？

5. 思维练习

人类通过进化，可以迅速对威胁做出反应，但对积极事件和情绪的反应却比较迟钝。每天有意识地将注意力集中在积极的事情或感觉上，能显著提高你的积极性。研究表明，当你能够习惯性地保持积极态度时，你的创造力、对他人意见的接受能力和团队协作能力都会显著提升。

- 做10次腹式深呼吸，然后闭上眼睛，专注于爱自己、接受自己，然后把这些想法告诉：(a) 你尊重和崇敬的人；(b) 你爱的人；(c) 你既不喜欢也不讨厌的人；(d) 你厌恶的人。
- 每天早晨列举三件值得感谢的事。
- 每天晚上写三封感谢邮件。
- 跟自己做约定，观察你平常不会多加留意的自然现象。

平衡调理法则

1. 科学补水

我们都知道每天应该喝8杯水，但哪怕是我们之中最遵守计划的人，也会在忙碌时或者压力大时把水杯搁在一边。值得一提的是，这种时候，我们恰恰最需要补水。大脑会比身体先进入脱水状态，因此在你还没有感觉到口渴时，你的思维或许已经开始模糊，或者你已经无法集中注意力了。补充足够的水分可以恢复大脑活力，让你集中注意力，保持最佳状态。

○在感觉到口渴之前喝水。

○脑力活动、情绪和身体消耗的能量越多,你要补充的水分也就越多。

○准备两个水瓶——最好具有情感价值,一个放在办公桌上,一个随身携带。

○在桌子上放一张水的图片,每看到一次,就提醒自己喝水。

○添加冰冻草莓粒、一两片薄荷叶或者黄瓜片,增加水对你的吸引力。

○感觉饥饿时,先喝一杯水。因为口渴的感觉有时候会被错当成轻微的饥饿感。

○外出就餐时不要忘记喝水;饮用含咖啡因或酒精(有脱水作用)的饮料时,不要忘记喝水。

2. 平衡血糖

复杂的大脑执行功能是在人类后期进化过程中形成的,它对能量的需求很高,一旦食物供应不足、血糖水平偏低,它就会最先停止发挥作用。平衡、稳定的血糖水平有利于我们控制自己的原始反应系统,此外,虽然大脑对葡萄糖的消耗量很大,但它并不能储存葡萄糖。对血糖水平的稳定性进行微观管理，可以避免体力、脑力和情绪的波动。

○ 查看值得信赖的资料，比如梅奥医学中心和美国国立卫生研究院提供的血糖指数图表，调查你所吃的食物的葡萄糖水平。
○ 选择中糖或低糖食物，可以为身体供应持久的能量。
○ 每2～3小时补充一次健康低糖零食（100～150卡路里），维持稳定的血糖水平。
○ 低糖零食包括蛋类、鹰嘴豆泥、苹果、浆果、肉类、牛羊奶、奶酪、李子、桃子、坚果、肉干、蔬菜、酸奶、营养棒、蛋白奶昔、豆奶和杏仁露。
○ 外出时，携带健康食品。

意志力法则

1."试金石"

此处只总结了微观方法，如果你想回顾宏观方法，请阅读本书第129～139页的内容。

设计自己的"试金石"，将你的生活意志和重要价值观具体化、形象化,使你的日常活动和工作具有更深刻的意义。"试金石"的作用在于,当你被不重要的烦恼分散注意力,偏离自己的终极目标和价值观的时候,它会提醒你重回正轨。此外,使用该方法会让那些能够激励你的事物,始终出现在最醒目的位置。

〇 单独或与团队一起使用头脑风暴法,将那些对意志起巩固作用的抽象感觉和想法形象化。
〇 选择可以瞬间感染、触动或者启发你的具体标志性事物。
〇 找到用"试金石"提醒自己明确目标的方法:

- 用作社交媒体账号头像。
- 用作电脑、手机的壁纸或屏保画面。
- 贴在浴室镜子上、车子里或者其他你每天都会看到的地方。

〇 将"试金石"分享给同事,帮助他们找回自己的意志。

2. 重排日程

根据"意志"安排日程，能让你每天都保持精力充沛、兴致勃勃。多花时间做贯彻意志的事情，而不是那些让你觉得是在"走过场"的事情，你的精力水平也会相应上升。

- 查看你本周的日程表，判断自己的哪些安排最有意义。
- 删除一项没有意义的活动，或者将它委托给其他人。
- 下一周，再删除一项与你的意志无关的安排。
- 如果每天的日程里没有符合你意志的活动，那就增加一个这样的活动——哪怕仅用时几分钟。

3. 心流法

除了删除或增加日程安排，你还可以重新设计一些会反复进行的活动来提高精力水平，增加进入心流状态的频率。"心流"可以解释为：当全神贯注做一件事时，你会因沉浸在任务中而忘记时间的流逝。

○ 记录一周以内你反复执行某些任务时的精力水平。

○ 一周结束时,制作一张示意图(如第150页的图),呈现你的精力水平。

○ 你是否能修改那些致使精力水平下跌的活动,以便下一次更接近心流状态?

○ 在网上观看哈素·普拉特纳设计学院教授比尔·伯内特的线上研讨会,主题为"设计你的生活:第一部分"(Design Your Life : Part I)和"设计你的生活:第二部分"(Design Your Life : Part II)。

 中 资 海 派 图 书

[德] 雅克·纳斯海 著　严孟然 译

定价：45.00 元

这就是你告别平庸的方式

　　一学就会的能力展示技巧，开启不被忽视的职场人生。教你以行家的身份赢得别人尊重，用心理效应改变职场地位，使你的能力不再被低估。

　　作者是德语国家中一流的商业心理学家和谈判专家，其客户包括西门子、IBM、德意志银行、博世公司、戴姆勒公司、H&M、巴斯夫等知名企业。

《影响力》作者罗伯特·西奥迪尼力荐
德国知名商业心理学家手把手教你刷出存在感＋吸引力＋硬实力

 ✕ **READING YOUR LIFE**

人与知识的美好链接

近20年来，中资海派陪伴数百万读者在阅读中收获更好的事业、更多的财富、更美满的生活和更和谐的人际关系，拓展他们的视界，见证他们的成长和进步。

现在，我们可以通过电子书、有声书、视频解读和线上线下读书会等更多方式，给你提供更周到的阅读服务。

微信搜一搜：海派阅读

关注**海派阅读**，随时了解更多更全的图书及活动资讯，获取更多优惠惊喜。还可以把你的阅读需求和建议告诉我们，认识更多志同道合的书友。让海派君陪你，在阅读中一起成长。

也可以通过以下方式与我们取得联系：

- 采购热线：18926056206 / 18926056062
- 服务热线：0755-25970306
- 投稿请至：szmiss@126.com
- 新浪微博：中资海派图书

更多精彩请访问中资海派官网　www.hpbook.com.cn